万水图形图像金手指系列

高手点拨

Photoshop CS4

合成与特效

孙 军 等编著

走进艺术的殿堂——只差这一步的经典！

掌握合成与特效——玩转Photoshop不是梦想！

中国水利水电出版社
www.waterpub.com.cn

内容提要

本书不只是一本 Phohoshop 图像合成与特效设计的案例实集，同时也是一本技术参考手册。本书的案例制作均以 Photoshop 的最新版本——Photoshop CS4 为平台，在讲解案例制作的同时，也将 Photoshop CS4 的强大图像处理功能展现出来，引导读者将 Photoshop 的技巧运用发挥到极致。

本书按照插图风格图像合成、文字与图像合成、商业广告图像合成、创意图像合成、桌面背景特效、纹理特效、质感特效、文字特效、图形特效、图像创意特效以及综合案例的应用共分为 11 章。以丰富并精美的设计案例讲解 Photoshop 的使用技巧、设计思路以及应用领域，是一本 Photoshop CS4 完全学习与进阶手册；通过典型的、极具艺术效果的设计范例和高级特效创作技巧，使读者达到最佳的学习效果，快速提升软件的应用水平。

本书内容详实、实用性强，实例创意新颖，图片精美。全书以操作为主，并配有制作过程图片，使所有操作一目了然。每个实例相对独立，绝大多数实例的最终结果都是一件完整的作品，读者可以任意选择一个实例进行学习。

本书既适合大中专院校相关专业的学生学习及参考使用，又适合平面设计爱好者与平面设计制作人员开拓思路，提升创作水平。

为了更好地配合本书的学习，本书还配有 DVD 光盘，包含本书所有范例的源文件、最终效果文件、素材文件和全程视频讲解，便于读者查阅与学习。

图书在版编目（CIP）数据

Photoshop CS4 合成与特效 / 孙军等编著. —北京：中国水利水电出版社，2009

（万水图形图像金手指系列. 高手点拨）

ISBN 978-7-5084-6126-7

Ⅰ . P… Ⅱ . 孙… Ⅲ . 图形软件，Photoshop CS4 Ⅳ . TP391.41

中国版本图书馆 CIP 数据核字（2008）第 193582 号

书　　名	万水图形图像金手指系列 高手点拨——Photoshop CS4 合成与特效
作　　者	孙　军　等编著
出版 发行	中国水利水电出版社（北京市三里河路6号　100044） 网址：www.waterpub.com.cn E-mail：mchannel@263.net（万水） 　　　　sales@waterpub.com.cn 电话：(010) 63202266（总机）、68367658（营销中心）、82562819（万水）
经　　售	全国各地新华书店和相关出版物销售网点
排　　版	北京万水电子信息有限公司
印　　刷	北京金威达印刷有限公司
规　　格	210mm × 285mm　16 开本　21.5 印张　608 千字
版　　次	2009 年 1 月第 1 版　2009 年 1 月第 1 次印刷
印　　数	0001 — 4000 册
定　　价	69.00 元（赠 1DVD）

编委会

丛 书 序

随着商品经济的飞速发展，消费者的消费品位与审美要求也在不断提高，图形图像图书市场也不例外，它对作者的设计功底与软件技术都提出了更高的要求。很多读者朋友在学习中热切希望在成为软件高手的同时能吸收到优秀设计师的设计经验。

览众广告有限公司在以往设计、编著工作经验的基础上，策划并编写了本套《高手点拨》丛书，以飨广大读者，同时也为那些从事图形图像设计工作以及正想进入这个设计领域的读者可以选择到适合自己阅读并能切实提高水平的图书作出一点贡献。

现在图形图像图书市场关于 Photoshop 的图书种类繁多，但是真正能够指导读者有针对性的学习还是略有欠缺的。如何在系统的学习过程中获得高手指点，并在软件应用弱项和创意工作中获得更高层次的提升和强化就是本套丛书的特点。

本套丛书是设计经验与软件技巧连接的纽带，是技术与艺术的结合。它在市场需求调查的基础上，以实际案例为出发点，从创意设计开始分析，再结合各种制作技法及技巧，将其贯穿整个软件的学习过程，使读者朋友真正领略运用软件进行设计的收获与乐趣，让似乎神秘、遥远的设计过程近在眼前，使读者在制作实例的过程中不知不觉地掌握软件的技巧、要点和难点，是一套集实用、实践、功能于一体的设计性丛书。

本套丛书特别强调实用性和技巧性。读者在有选择地学习 Photoshop 不同应用领域的同时，了解并掌握相关的专业理论知识。站在专业设计领域的高度，点拨读者既掌握软件核心知识又提高自身的商业案例设计水平。

本套丛书共 3 本，分别是：

● 高手点拨——Photoshop CS4 四大核心技术

● 高手点拨——Photoshop CS4 合成与特效

● 高手点拨——Photoshop CS4 数码照片加工处理

本套丛书具有以下特点：

◆ **专业性强** 丛书由资深设计师编写，全面、系统、精练地介绍了利用Photoshop软件的不同应用模块来进行设计的方法。按照实例中的操作步骤进行操作，就可以轻松地制作出完整的作品。通过实例制作，精通软件的高级应用技巧，激发创作灵感。

◆ **类型丰富** 丛书将所有实例按Photoshop知识模块进行分类归档，并且用单独的章节讲解了软件进行设计的方法，符合实际工作需求，便于读者学习提高，拉近了与现实实践的距离，使读者能够更快、更顺利地步入社会。

◆ **关联性强** 整套丛书既有很强的整体关联性，同时又在单本图书中有很强的模块学习效果，读者可以根据自己在软件不同模块应用的弱项上进行强化学习。

◆ **简单易学** 本套丛书内容翔实、结构清晰、语言流畅、实例丰富、过程详细，对软件的各项主要功能和平面设计制作技巧均有细致描述，突出了利用软件进行平面设计的实用性和艺术性。

◆ **资料详尽** 为了便于读者朋友提高，本套丛书附赠光盘提供了书中案例的素材文件、源文件、效果图以及视频讲解，既为读者的学习提供方便，又可作为资料收藏。

在此，我们要衷心地感谢向本套丛书提出改进意见的众多设计师和学员，是他们的认真负责使本套丛书避免了许多错误，且内容更加充实。

另外，还要特别感谢您选择了本套丛书，如果您对本套丛书有什么意见和建议，请直接告诉我们，我们的电子邮箱是pptushu@163.com。

前 言

Photoshop 软件以其功能强大、操作简捷、实用易学的特点一直在计算机图形图像处理领域中占据着主导地位，互联网的发展更使人们对 Photoshop 的需求不断扩大。目前，Photoshop 广泛应用于平面设计、广告设计、数码摄影、出版印刷等诸多领域。在 Photoshop 众多专业的图像编辑功能中，最核心的功能便是选区、图层、蒙版和通道，只有掌握了这几项核心功能，才算真正掌握了 Photoshop 图像编辑的真谛。

本书以实例的方式讲解了 Photoshop 软件在特效制作方面的应用，帮助初学者从入门轻松晋级，使已有部分基础的读者对 Photoshop 有更全面的认识，并能掌握常用设计特效的制作方法。本书主要内容包括插图风格图像合成、文字与图像合成、商业广告图像合成、创意图像合成、桌面背景特效、纹理特效、质感特效、文字特效、图形特效、图像创意特效，以及综合案例等。

在本书的编写过程中我们力求严谨，但由于水平、时间和精力所限，书中不足和疏漏之处在所难免，敬请广大读者批评指正。

关于本书

本书内容新颖、版式美观、步骤详细，以知识点的应用和难易程度安排讲解结构，从易到难，循序渐进地介绍了各种图像处理实例的制作。在讲解每个实例前，先提出制作思路及包含的知识点，并在最后补充知识点，以达到举一反三的目的。

适合读者群

本书不仅可以为广大 Photoshop 的初、中级读者提供参考和帮助，也是具有一定专业水平和各类使用 Photoshop 进行商业设计的专业人员必备的技术手册。本书既可以作为培训教材，还可以作为自学手册，对从事广告创意设计、平面设计以及网页制作等人员都具有极大的参考价值。

编 者

2008 年 10 月

目 录

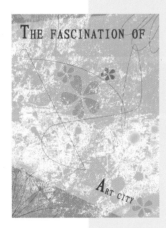

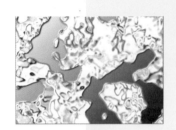

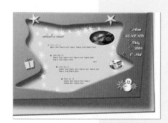

第 1 章　插图风格图像合成

1.1　古典插图风格

当今流行的所谓的古典风格是具有双重含义的，一方面指传统文化中的经典精髓，另一方面也包含现代特征。作品在拥有典雅端庄气质的同时带有鲜明的时代特征。古典插图风格合成的概念就是将两幅或几幅效果单一、表现能力有限的图像经过 Photoshop CS4 的强大功能的处理，巧妙地拼合成一幅具有古典风格的新作品。

案例最终效果图：

◎　制作时间：30 分钟

◎　知识重点：导入图片、滤镜、色阶、透明度、去色、自由变换的应用

◎　学习难度：★★☆

1.1.1　案例分析

本案例古典雅致，整体风格轻松优雅，拥有典雅端庄的气质的同时带有鲜明的时代特征。通过基本图像的多种特效处理，使图像被赋予了优雅、古典。

1.1.2 实例操作

（1）执行"文件"→"新建"命令，如图1-1所示，弹出如图1-2所示的"新建"对话框，设置新建文件值，名称①处输入文件名称，②处分别设置文件宽度为"800"像素，高度为"600"像素，分辨率为"300"像素／英寸，颜色模式为"RGB颜色"模式，背景内容设置为"白色"，单击③处"确定"按钮。

图1-1

图1-2

（2）执行"文件"→"打开"→"光盘"→"素材"→"ch01"→"001.jpg"，打开如图1-3所示图片。

图1-3

（3）单击"选择工具" 按钮将素材"001.jpg"复制至文件中，"图层"面板中自动生成"图层1"，如图1-4所示。

图1-4

（4）选中"图层1"，按"Ctrl+T"组合键调整图像大小，选择"图像"→"调整"→"色相／饱和度"，如图1-5所示，选择"图像"→"调整"→"色相／饱和度"命令弹出"色相／饱和度"对话框，在对话框中将①色相设置为"29"，②饱和度设置为"86"，③明度设置为"-60"，如图1-6所示。

图1-5

图1-6

提示：

"色相/饱和度"命令的作用是调整整个图像或图像中单个颜色成分的色相、饱和度和明度。调整颜色或饱和度的纯度表现为在半径上移动；调整色相或颜色表现为在色轮中移动。

"着色"选项比较常用，它可以将颜色添加到已转换为 RGB 的灰度图像或 RGB 图像。

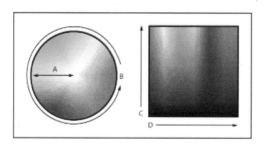

（5）选中"图层1"，选择"滤镜"→"模糊"→"高斯模糊"命令，弹出"高斯模糊"对话框，将其半径设置为"2.1"像素，如图1—7所示。完成步骤（4）、（5）后效果如图1—8所示。

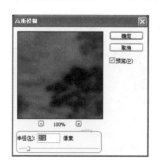

图1—7

图1—8

（6）执行"文件"→"打开"→"光盘"→"素材"→"ch01"→"002．jpg"，如图1—9所示。

图1—9

（7）单击"选择工具" 按钮将素材"002．jpg"复制至文件中，"图层"面板中自动生成"图层2"，如图1—10所示。选中"图层2"，按下"自由变换"命令快捷键"Ctrl+T"调整图像大小，完成步骤（6）、（7）后效果如图1—11所示。

图1—10

图1—11

（8）单击"矩形选框工具" 按钮，单击"前景色" 按钮设置前景色，具体设置为"C：21、M：29、Y：48、K：0"，如图1—12所示。单击"图层"面板中的"新建图层" 按钮，新建"图层3"，如图1—13所示。选中"图层3"，绘制矩形选区，填充颜色，如图1—14所示。

图1-12

图1-13

图1-14

(9) 执行"文件"→"打开"→"光盘"→"素材"→"ch01"→"003.jpg",如图1-15所示。

图1-15

(10) 单击"选择工具"按钮,将素材"003.jpg"复制至文件中,"图层"面板中自动生成"图层4",如图1-16所示。完成(9)、(10)步骤后效果如图1-17所示。

图1-16

图1-17

(11) 选中"图层4",按下"自由变换"命令快捷键"Ctrl+T"调整图像大小,执行"图像"→"调整"→"去色"命令,如图1-18所示,完成效果如图1-19所示。

图1-18

图 1—19

图 1—22

（12）选中"图层 4"，执行"编辑"→"变换"→"垂直翻转"命令，如图 1—20 所示。按下"自由变换"命令快捷键"Ctrl+T"调整图像位置、方向，完成效果如图 1—21 所示。

图 1—23

图 1—20

图 1—24

图 1—21

（14）执行"文件"→"打开"→"光盘"→"素材"→"ch01"→"004.psd"，如图 1—25 所示。

（13）选中"图层 4"，在"图层"面板中设置图层属性，选择"正片叠底"，如图 1—22 所示，不透明度设置为"50%"，如图 1—23 所示，完成效果如图 1—24 所示。

图 1—25

（15）单击"选择工具" 按钮，将素材"004.psd"复制至文件中，"图层"面板中自动生成"图层5"，如图1-26所示。选中"图层5"，按下"自由变换"命令快捷键"Ctrl+T"调整图像大小。完成步骤（14）、（15）后效果如图1-27所示。

图1-29

图1-26

图1-27

（16）执行"文件"→"打开"→"光盘"→"素材"→"ch01"→"005.jpg"，如图1-28所示。

图1-30

图1-31

图1-28

（17）单击"选择工具" 按钮，将素材"005.jpg"复制至文件中，"图层"面板中自动生成"图层6"，如图1-29所示。选中"图层6"，按下"自由变换"快捷键"Ctrl+T"调整图像大小。完成步骤（16）、（17）后效果如图1-30所示。

（18）执行"文件"→"打开"→"光盘"→"素材"→"ch01"→"006.psd"，如图1-31所示。

（19）单击"选择工具" 按钮，将素材"006.psd"复制至文件中，"图层"面板中自动生成"图层7"，如图1-32所示。选中"图层7"，按下"自由变换"命令快捷键"Ctrl+T"调整图像大小。完成步骤（18）、（19）后效果如图1-33所示。

图1-32

图1-33

图1-36

(20) 单击"直排文字工具"  按钮,输入文字,诗题目部分,①处字体为"宋体",②处字体大小为"6点",如图1-34所示;诗内容部分,①处字体为"宋体",②处字体大小为"3点",如图1-35所示;题目部分,①处字体为"黑体",②处字体大小为"24点",如图1-36所示,完成效果如图1-37所示。

图1-37

提示:

单击"文字工具"后,在画布单击鼠标右键输入文字时,"图层"面板自动生成文字图层,不需要提前建立新图层。

提示:

在"字符"面板中可以对文字内容进行详细的设置。字体设置和斜体\加粗的设置同选项栏上的内容相同。

字符间距选项可以用来详细设置字符的大小、间隔、宽窄。设置文字的大小尺寸、行与行之间的间隔宽度时,默认状态下是选择自动,如果有特别的要求,可以手动设置大小 IT,设置字体的高矮 T 100%,设置字体的胖瘦,设置字符与字符之间的距离,设置字符的基线的位置,以及字符的颜色 T T T T T等字体修饰方式。

图1-34

图1-35

1.1.3 案例小结

本案例主要特点为颜色的搭配和运用,以使用虚幻的透明效果加上多个图层的叠加,表现出背景仿古效果,再配合颜色突出文字和图形的运用,使茶在整个作品中显得尤为突出。若整幅作品都以彩色图像构成难免会显得杂乱,而这幅作品中梅花式的装饰和背景部分则采用了仿古效果,平衡了整体色彩,给人古典优雅的视觉感受。

1.2　动感插图风格

提到动感风格，很容易让人联想到闪烁的光芒、斑驳的色彩、动感的金属，充满了浪漫和奇想，弥漫着春天和夏天的颜色。本节中动感插图风格合成的创作是将两幅或几幅效果单一、表现能力有限的图像经过 Photoshop CS4 的强大功能的处理，巧妙地拼合成一幅动感十足的新作品。

案例最终效果图：

◎　制作时间：50 分钟

◎　知识重点：导入图片、钢笔工具、图层样式、选区、填充、自由变换

◎　学习难度：★★☆

1.2.1　案例分析

该实例动感时尚，整体风格鲜艳，时尚搭配动感，正如本案例中，时尚的美女和动感的背景构成了一幅动感十足的插画效果。通过基本图像的多种特效处理，使图像被赋予了时尚、动感。

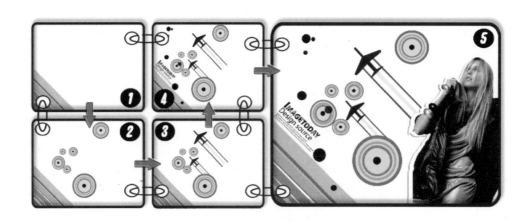

1.2.2 实例操作

（1）执行"文件"→"新建"命令，弹出"新建"对话框，在如图1-38所示的"新建"对话框中，设置新建文件值，在名称①处输入文件名称，②处分别设置文件宽度为"1024"像素，高度为"800"像素，分辨率为"300"像素/英寸，颜色模式设为"RGB"模式，背景内容设置为"白色"，单击③处"确定"按钮。

图1-38

提示：

文件名称可根据个人的习惯和要求进行自定义的设置。

设置文件大小的默认单位一般为"像素"，也可更改为"cm"、"mm"等。

（2）选择"钢笔工具" 按钮绘制，单击"前景色" 按钮设置前景色，其颜色的具体设置为"C：0、M：48、Y：95、K：0"，如图1-39所示。当绘制完成，"图层"面板中自动生成"形状1"，如图1-40所示。

图1-39

图1-40

（3）选择"钢笔工具" 按钮绘制，单击"前景色" 按钮设置前景色，其颜色的具体设置为"C：0、M：88、Y：99、K：0"，如图1-41所示。当绘制完成，"图层"面板中自动生成"形状2"，如图1-42所示。

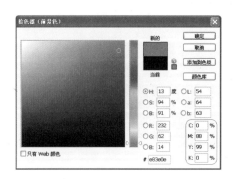

图1-41

图1-42

（4）选择"钢笔工具" 按钮绘制，单击"前景色" 按钮设置前景色，其颜色的具体设置为"C：0、M：6、Y：93、K：0"，如图1-43所示。当绘制完成，"图层"面板中自动生成"形状3"，如图1-44所示。

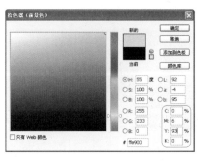

图1-43

图 1—44

图 1—48

（5）选择"钢笔工具" 按钮绘制，单击"前景色" 按钮设置前景色，其颜色的具体设置为"C：62、M：3、Y：100、K：0"，如图 1—45 所示。当绘制完成，图层面板中自动生成"形状 4"，如图 1—46 所示。

（7）选择"钢笔工具" 按钮绘制，单击"前景色" 按钮设置前景色，其颜色的具体设置为"C：0、M：82、Y：94、K：0"，如图 1—49 所示。当绘制完成，"图层"面板中自动生成"形状 6"，如图 1—50 所示。

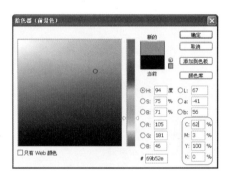

图 1—45

图 1—49

图 1—46

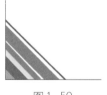

图 1—50

（6）选择"钢笔工具" 按钮绘制，单击"前景色" 按钮设置前景色，其颜色的具体设置为"C：62、M：3、Y：100、K：0"，如图 1—47 所示。当绘制完成，图层面板中自动生成"形状 5"，如图 1—48 所示。

（8）选择"钢笔工具" 按钮绘制，单击"前景色" 按钮设置前景色，其颜色的具体设置为"C：0、M：48、Y：95、K：0"，如图 1—51 所示。当绘制完成，图层面板中自动生成"形状 7"，如图 1—52 所示。

图 1—47

图 1—51

图1-52

(9) 选择"钢笔工具" ✎ 按钮绘制，单击"前景色" ■ 按钮设置前景色，其颜色的具体设置为"C：31、M：0、Y：93、K：0"，如图1-53所示。当绘制完成，"图层"面板中自动生成"形状8"，如图1-54所示。

图1-53

图1-54

(10) 选择"钢笔工具" ✎ 按钮绘制，单击"前景色" ■ 按钮设置前景色，其颜色的具体设置为"C：0、M：84、Y：100、K：0"，如图1-55所示。当绘制完成，"图层"面板中自动生成"形状9"，如图1-56所示。

图1-55

图1-56

(11) 选择"钢笔工具" ✎ 按钮绘制，单击"前景色" ■ 按钮设置前景色，其颜色的具体设置为"C：1、M：6、Y：93、K：0"，如图1-57所示。当绘制完成，"图层"面板中自动生成"形状10"，如图1-58所示。

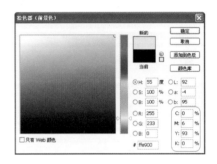

图1-57

图1-58

(12) 单击"图层"面板中"创建新组" ◻ 按钮新建"组1"，选中"形状1"至"形状10"拖放到"组1"中，如图1-59所示。

图1-59

提示：

钢笔工具 和自由钢笔工具 是 Photoshop 中两种基本自由图形绘画工具。可以直接在各种颜色模式的普通图层、蒙版、Alpha 图层或路径中直接选择使用。钢笔工具、自由钢笔工具使用相同的快捷键，在这两个工具之间切换有三种方法：

- 鼠标按住工具栏上钢笔（自由钢笔）工具的按钮，然后弹出一个窗口，在窗口中选择需要的工具。
- 按住"Alt"键的同时，鼠标单击工具栏上的钢笔（自由钢笔）工具的按钮可以切换钢笔（自由钢笔）工具。
- 使用组合键"Shift+U"可以切换钢笔（自由钢笔）工具。

（13）单击"椭圆选框工具" 按钮，选择"图层"面板中的"新建图层" 按钮，新建"图层1"，单击"前景色"按钮 设置前景色，其颜色的具体设置为"C：0、M：88、Y：99、K：0"，如图1－60所示。选中"图层1"，按住"Shift+鼠标"拖动，画出规则的圆形，按住"Alt+Backspace"组合键完成前景色填充，如图1－61所示。

图1－60

图1－61

（14）单击"椭圆选框工具" 按钮，选择"图

层"面板中的"新建图层" 按钮，新建"图层2"，单击"前景色" 按钮设置前景色，其颜色的具体设置为"C：0、M：6、Y：93、K：0"，如图1－62所示。按住"Shift+鼠标"拖动画出规则的圆形，按住"Alt+Backspace"组合键完成前景色填充，如图1－63所示。

图1－62

图1－63

（15）单击"椭圆选框工具" 按钮，选择"图层"面板中的"新建图层" 按钮，新建"图层3"，改变前景色，单击"前景色"按钮 设置前景色，其颜色的具体设置为"C：62、M：3、Y：100、K：0"，如图1－64所示。按"Shift+鼠标"拖动，画出规则的圆形，按住"Alt+Backspace"组合键完成前景色填充，如图1－65所示。

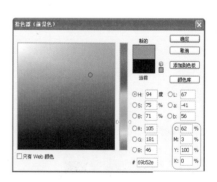

图1－64

图1－65

（16）单击"椭圆选框工具"按钮，选择"图层"面板中的"新建图层"按钮，新建"图层4"，改变前景色，单击"前景色"按钮设置前景色，其颜色的具体设置为"C：1、M：22、Y：94、K：0"，如图1-66所示。按住"Shift+鼠标"拖动画出规则的圆形，按住"Alt+Backspace"组合键完成前景色填充，如图1-67所示。

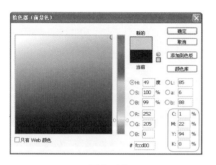

图1-66

图1-67

（17）单击"椭圆选框工具"按钮，选择"图层"面板中的"新建图层"按钮，新建"图层5"，单击"前景色"按钮设置前景色，其颜色的具体设置为"C：71、M：33、Y：25、K：0"，如图1-68所示。按住"Shift+鼠标"拖动，画出规则的圆形，按住"Alt+Backspace"组合键完成前景色填充，如图1-69所示。

图1-68

图1-69

（18）单击"椭圆选框工具"按钮，选择"图层"面板中的"新建图层"按钮，新建"图层6"，单击"前景色"按钮设置前景色，其颜色的具体设置为"C：1、M：22、Y：94、K：0"，如图1-70所示。按住"Shift+鼠标"拖动，画出规则的圆形，按"Alt+Backspace"组合键完成前景色填充，如图1-71所示。

图1-70

图1-71

（19）单击"椭圆选框工具"按钮，选择"图层"面板中的"新建图层"按钮，新建"图层7"，单击"前景色"按钮设置前景色，其颜色的具体设置为"C：63、M：52、Y：51、K：93"，如图1-72所示。按住"Shift+鼠标"拖动，画出规则的圆形，按住"Alt+Backspace"组合键完成前景色填充，如图1-73所示。

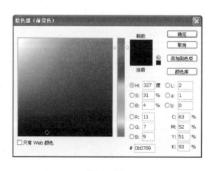

图1-72

图1-73

（20）单击"图层"面板中的"创建新组" 按钮新建"组2"，选中"图层1"至"图层7"拖放到"组2"中，如图1—74所示。

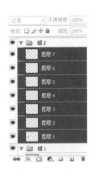

图1—74

提示：

绘制规则选区——使用工具栏中的选框工具绘制出规则选区并填充颜色。

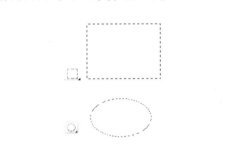

（21）右击"组2"，复制"组2"，"图层"面板中自动生成"组2副本"，按住"自由变换"快捷键"Ctrl+T"自由变换调节大小，如图1—75所示，完成效果如图1—76所示。

图1—75

图1—76

（22）右击"组2"，复制"组2"，"图层"面板中自动生成"组2副本2"，按住"自由变换"快捷键"Ctrl+T"自由变换调节大小，如图1—77所示。

图1—77

（23）右击"组2"，复制"组2"，"图层"面板中自动生成"组2副本3"，按住"自由变换"快捷键"Ctrl+T"自由变换调节大小，如图1—78所示。

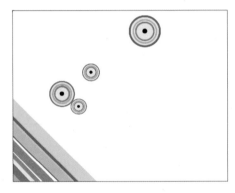

图1—78

（24）右击"组2"，复制"组2"，"图层"面板中自动生成"组2副本4"，按住"自由变换"快捷键"Ctrl+T"自由变换调整大小，如图1—79所示。

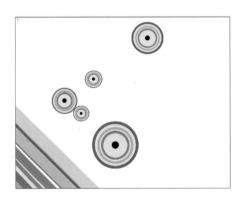

图1—79

（25）单击"钢笔工具" 按钮绘制如图1—80所示，"图层"面板中自动生成"形状11"。单击设置颜色的具体值为"C: 62、M: 3、Y: 100、K: 0"，如图1-81所示，完成效果如图1-82所示。

图1-80

图1-83

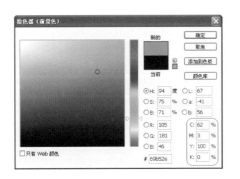

图1-81

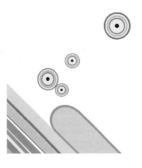

图1-84

(27) 右击"形状11"，复制"形状11"，"图层"面板中自动生成"形状11副本2"。单击颜色：■，设置其具体值为"C: 0、M: 48、Y: 95、K: 0"，如图1-85所示。按住"自由变换"快捷键"Ctrl+T"自由变换调节大小，如图1-86所示。

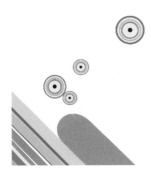

图1-82

提示：

在利用"钢笔工具"勾勒图像轮廓时，可以选择转换点工具进行绘制。

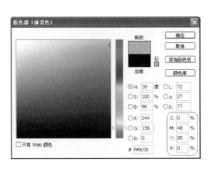

图1-85

(26) 右击"形状11"，复制"形状11"，"图层"面板中自动生成"形状11副本"。单击颜色：■，设置颜色的具体值为"C: 0、M: 6、Y: 93、K: 0"，如图1-83所示。按住"自由变换"快捷键"Ctrl+T"自由变换调节大小，如图1-84所示。

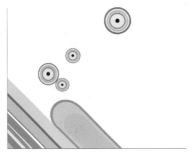

图1-86

（28）右击"形状11"，复制"形状11"，图层面板中自动生成"形状11副本3"。单击 颜色：■，设置其具体值为"C：0，M：6，Y：93，K：0"，如图1-87所示。按住"自由变换"快捷键"Ctrl+T"自由变换调节大小，如图1-88所示。

图1-87

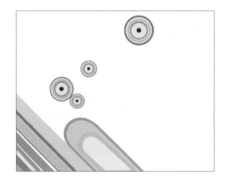

图1-88

（29）单击"图层"面板中"创建新组" 按钮新建"组3"，选中"形状11"至"形状11副本3"拖放到"组3"中，如图1-89所示。

（30）执行"文件"→"打开"→"光盘"→"素材"→"ch01"→"007.jpg"，如图1-90所示。

图1-89

图1-90

（31）将素材"007.jpg"复制到文件中，"图层"面板中自动生成"图层16"，单击"图层"面板中的"新建图层"按钮新建"图层17、图层18、图层19、图层20、图层21、图层22、图层23"。单击"椭圆选框工具" 按钮，在新建的图层中分别绘制，每个图层中绘制一个圆形，改变其前景色，单击"前景色" 按钮设置前景色，其颜色的具体设置为"黑色"，按住"Alt+Backspace"快捷键完成前景色填充，按住"自由变换"快捷键"Ctrl+T"调整选区大小，完成效果如图1-91所示。

图1-91

（32）按住"Ctrl键"并单击"图层16"，选中人物，如图1-54所示，单击"图层"面板中的"新建图层" 按钮新建"图层24"，改变前景色，单击"前景色"按钮 设置前景色，其颜色的具体设置为"白色"，按住"Alt+Backspace"快捷键完成前景色填充，按住"自由变换"快捷键"Ctrl+T"调整选区大小，如图1-92所示。

图1-92

（33）选中"图层24"，单击"添加图层样式" 按钮，样式选择"投影"，不透明度设置为"50"，角度设置为"41度",如图1—93所示。

图1—93

（34）打开素材"文件"→"打开"→"光盘"
→"ch01"→"008.jpg"，将素材"008.jpg"复制

到文件中，"图层"面板中自动生成"图层25"，按
住"自由变换"快捷键"Ctrl+T"调整选区大小，如
图1—94所示。

图1—94

1.2.3　案例小结

　　本案例主要特点为颜色的搭配和运用，使用绚丽的色彩搭配效果加上多个图层的叠加，表现出背景具有动感的效果，配合突出的人物和图层样式的运用，使人物在整个作品中显得尤为突出，而这幅作品中人物部分采用了比较暗的颜色，使整个作品不会过于花哨，平衡了整体色彩，给人动感现代的视觉感受。

1.3　时尚插图风格

　　颜色清爽，图案简单而淳朴，风格简约而充满活力是当今时尚风格比较明显的特征。本节中时尚插图风格的合成是将两幅或几幅效果单一、表现能力有限的图像经过Photoshop CS4的强大功能的处理，巧妙地拼合成一幅时尚靓丽的新作品。

　　案例最终效果图：

◎　制作时间：45分钟

◎　知识重点：导入图片、钢笔工具，图层
　　　样式

◎　学习难度：★★☆

1.3.1　案例分析

　　本实例时尚清新，整体风格靓丽，画面中的人物摆脱了通常的真实展现的方式，利用特效处理创造出黑白影像，配合简单的背景装饰和简约的文字，构成了时尚风格的插画设计。

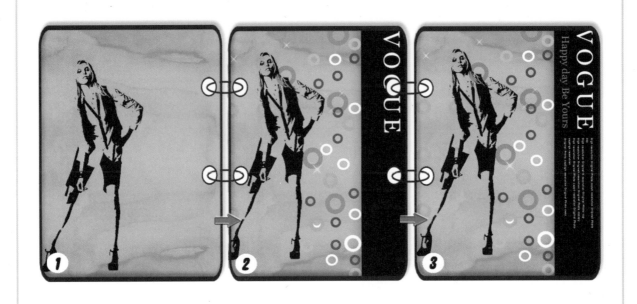

1.3.2　实例操作

　　(1) 执行"文件"→"新建"命令弹出"新建"对话框，在如图1-95所示的"新建"对话框中，设置新建文件值，在名称①处输入文件名称，在②处分别设置文件宽度为"600"像素，高度为"800"像素，分辨率为"300"像素/英寸，颜色模式设为"RGB"模式，背景内容设置为"白色"，单击③处"确定"按钮。

> **提示：**
>
> 　　文件名称可根据个人的习惯和要求进行自定义的设置。
>
> 　　设置文件大小的默认单位一般为"像素"，也可更改为"cm"、"mm"等。

　　(2) 执行"文件"→"打开"→"光盘"→"素材"→"ch01"→"008.jpg"，如图1-96所示。

图1-95

图1-96

（3）将素材"001.jpg"复制到文件中，"图层"面板中自动生成"图层1"，选择"通道"<u>通道</u>按钮，复制蓝色通道，生成"蓝 副本"，单击"指示图层可见性"按钮，隐藏除"蓝 副本"以外的所有图层，如图1-97所示。执行"图像"→"调整"→"色阶"命令弹出"色阶"对话框，设置输入色阶为"0、0.10、255"，如图1-98所示。

图1-97

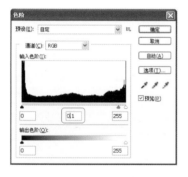

图1-98

提示：

"色阶"用来调整图像的暗调、中间调和高光等强度级别，使图像达到色彩平衡。

调整颜色不仅可以使用"色相/饱和度"，还可以使用"色阶"调整图像的色彩平衡。

调整"色阶"的对比

（4）选中"图层1"，单击"魔棒工具"按钮，选中白色的部分，按"Delete"键删除，如图1-99所示，按"取消选区"快捷键"Ctrl+D"取消选区。

图1-99

（5）保持选中"图层1"，单击"橡皮擦工具"按钮，去除人物的阴影部分，如图1-100所示。

图1-100

（6）保持选中"图层1"，执行"图像"→"调整"→"阈值"命令，在弹出的对话框中进行设置，设置"阈值色阶"为"101"，如图1-101所示。单击填充背景颜色为"C：53、M：0、Y：98、K：0"，如图1-102所示，设置"图层混合模式"为"正片叠底"，完成效果如图1-103所示。

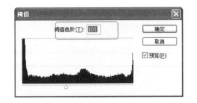

图1-101

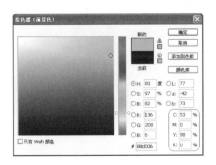

图1-102

图1-103

提示：

"阈值"命令的作用是将灰度或彩色图像转换为高对比度的黑白图像。转为黑白后，白色的部分为原来阈值亮的像素，反之黑色部分为原来阈值暗的像素。

调整黑白图像的实例

（7）执行"文件"→"打开"→"光盘"→"素材"→"ch01"→"009.psd"，复制至文件中，"图层"面板中自动生成"图层2"，按下"自由变换"快捷键"Ctrl+T"调整选区大小，如图1-104所示。

图1-104

（8）执行"文件"→"打开"→"光盘"→"素材"→"ch01"→"009.psd"，复制至文件中，"图层"面板中自动生成"图层3"。按下"自由变换"快捷键"Ctrl+T"调整选区大小，如图1-105所示。

图1-105

（9）执行"文件"→"打开"→"光盘"→"素材"→"ch01"→"010.psd"，复制至文件中，"图层"面板中自动生成"图层4"。按下"自由变换"快捷键"Ctrl+T"调整选区大小，如图1-106所示。

（10）单击"图层"面板中的"新建图层"按钮，新建"图层5"，单击"矩形选框工具"按钮，单击设置前景色为黑色，按"Alt+Backspace"

快捷键填充，如图 1—107 所示。

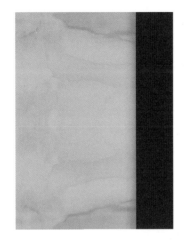

图 1—106   图 1—107

（11）单击"图层"面板中"创建新组" 按钮新建"组 1"，选中"图层 2"至"图层 5"复制到"组 1"中，如图 1—108 所示。

图 1—108

（12）选择"图层"面板中的"新建图层" 按钮，新建"图层 6"，单击"椭圆选框工具" 按钮，按住"Shift＋鼠标"复制，绘制正圆形。单击 设置前景色为"C：53、M：0、Y：98、K：0"，按"Alt＋Backspace"快捷键填充，如图 1—109 所示。选中"图层 6"，按"Shift＋鼠标"复制，绘制正圆形，按"Delete"键删除选中的部分，如图 1—110 所示。

（13）右击"图层 6"，复制"图层 6"，"图层"面板中自动生成"图层 6 副本"，选中"图层 6"复制，"图层"面板中自动生成"图层 6 副本 2"，选中"图层 6"复制，"图层"面板中自动生成"图层 6 副本 3"，选中"图层 6"复制，"图层"面板中自动生成"图层 6 副本 4"，单击"图层"面板中"创建新组" 按钮，新建"组 2"，选中"图层 6"至

"图层 6 副本 4"拖放到"组 2"中，如图 1—111 所示，完成效果如图 1—112 所示。

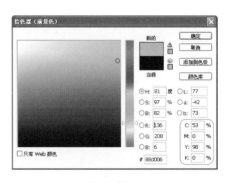

图 1—109

图 1—110

图 1—111

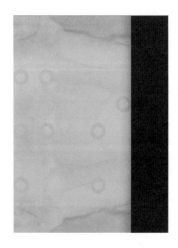

图 1—112

（14）选择"图层"面板中的"新建图层"

按钮，新建"图层7"，单击"椭圆选框工具" ⊙ 按
钮，按"Shift+鼠标"复制，绘制正圆形，单击 ■
设置前景色为"C：26、M：49、Y：51、K：0"，如
图1-113所示。按"Alt+Backspace"快捷键填充，
按"Shift+鼠标"复制，绘制正圆形，按"Delete"
键删除选中的部分，如图1-114所示。

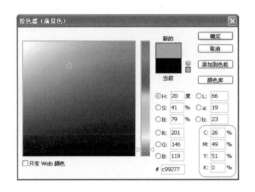

图1-113

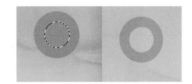

图1-114

（15）复制"图层7"，生成图层副本，选中"图
层7"复制，"图层"面板中自动生成"图层7副本
2"，选中"图层7"复制，"图层"面板中自动生成
"图层7副本3"，选中"图层7"复制，"图层"面
板中自动生成"图层7副本4"。单击"图层"面板
中"创建新组" ▢ 按钮，新建"组3"，选中"图层
7"至"图层7副本4"拖放到"组3"，如图1-115
所示，完成效果如图1-116所示。

图1-115

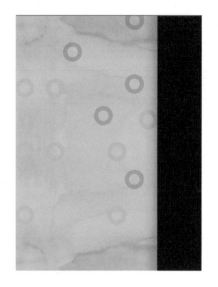

图1-116

（16）选择"图层"面板中的"新建图层" ◩
按钮，新建"图层8"，单击"椭圆选框工具" ⊙ 按
钮，按"Shift+鼠标"复制，绘制正圆形。单击 ■
设置前景色为"C：12、M：0、Y：83、K：0"，如
图1-117所示。按"Alt+Backspace"快捷键填充，
按"Shift+鼠标"复制，绘制正圆形，按"Delete"
键删除选中的部分。选中"图层8"复制，"图层"
面板中自动生成"图层8副本"，选中"图层8"复
制，"图层"面板中自动生成"图层8副本2"，选
中"图层8"复制，"图层"面板中自动生成"图层
8副本3"，完成效果如图1-118所示。单击"图层"
面板中"创建新组" ▢ 按钮，新建"组4"，选中
"图层8"至"图层8副本3"拖放到"组4"，如
图1-119所示。

图1-117

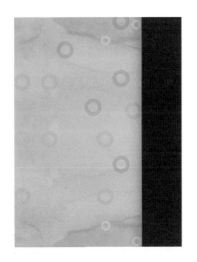

图1-118

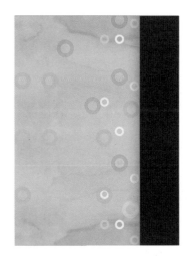

图1-120

图1-119

图1-121

（17）选择"图层"面板中的"新建图层" ⬜ 按钮，新建"图层9"，单击"椭圆选框工具" ⭕ 按钮，按"Shift+鼠标"复制，绘制正圆形，单击⬛设置前景色为"白色"，按"Alt+Backspace"快捷键填充，按"Shift+鼠标"复制，绘制正圆形，按"Delete"键删除选中的部分。选中"图层9"复制，"图层"面板中自动生成"图层9副本"，选中"图层9"复制，"图层"面板中自动生成"图层9副本2"，选中"图层9"复制，"图层"面板中自动生成"图层9副本3"，选中"图层9"复制、"图层"面板中自动生成"图层9副本4"，选中"图层9"复制，"图层"面板中自动生成"图层9副本5"，选中"图层9"复制，"图层"面板中自动生成"图层9副本6"，选中"图层9"复制，"图层"面板中自动生成"图层9副本7"，选中"图层9"复制，"图层"面板中自动生成"图层9副本8"。单击"图层"面板中"创建新组" ⬜ 按钮，新建"组5"，选中"图层9"至"图层9副本8"拖放到"组5"，如图1-120所示，完成效果如图1-121所示。

（18）新建"图层10"，单击"椭圆选框工具" ⭕ 按钮，按"Shift+鼠标"复制，绘制正圆形，单击⬛设置前景色为"C：74、M：83、Y：0、K：0"，如图1-122所示，按"Alt+Backspace"快捷键填充。按"Shift+鼠标"复制，绘制正圆形，按"Delete"键删除选中的部分。复制"图层10"，"图层"面板中自动生成图层副本，选中"图层10"复制，"图层"面板中自动生成"图层10副本2"，选中"图层10"复制、"图层"面板中自动生成"图层10副本3"，选中"图层10"复制，"图层"面板中自动生成"图层10副本4"，选中"图层10"复制，"图层"面板中自动生成"图层10副本5"，选中"图层10"复制，"图层"面板中自动生成"图层10副本6"，选中"图层10"复制，"图层"面板中自动生成"图层10副本7"，选中"图层10"复制，"图层"面板中自动生成"图层10副本8"，选中"图层10"复制，"图层"面板中自动生成"图层10副本9"。单击"图层"面板中"创建新组" ⬜ 按钮，新建"组6"，选中"图层10"至"图层10副本9"，拖放到"组6"，如图1-123所示，完成效果如图 1-124 所示。

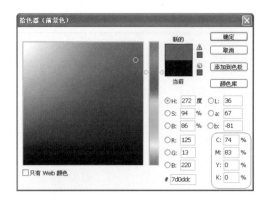

图 1-122

图 1-125

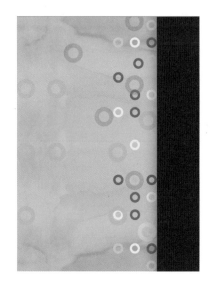

图 1-123

图 1-126

(20) 单击 "横排文字工具" **T.**按钮，字体①设置为 "Georgia"，大小设置为 "8 点"，如图 1-127 所示，颜色②设置为 "C: 54、M: 45、Y: 43、K: 0"，如图 1-128 所示。按 "自由变换" 快捷键 "Ctrl+T" 自由变换，完成效果如图 1-129 所示。

图 1-127

图 1-124

(19) 单击 "横排文字工具" **T.**按钮，字体设置为 "Georgia"，大小设置为 "18 点"，如图 1-125 所示，按下 "自由变换" 快捷键 "Ctrl+T" 自由变换，如图 1-126 所示。

(21) 单击 "横排文字工具" **T.**按钮，字体设置为 "Georgia"，大小设置为 "2 点"，如图 1-130 所示。按 "自由变换" 快捷键 "Ctrl+T" 自由变换，如图 1-131 所示。

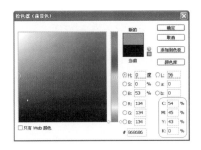

图1-128

图1-130

图1-129

图1-131

1.3.3 案例小结

　　本案例主要特点为颜色的搭配和运用，使用虚幻的水印效果加上多个图层的叠加，表现出强烈的现代感装饰效果，配合颜色突出的人物和图层样式的运用，使人物在整个作品中显得尤为突出，若整幅作品都以彩色图像构成难免会显得杂乱，而这幅作品中文字部分采用了黑白效果，平衡了整体色彩，给人以时尚现代的视觉感受。

第 2 章　文字与图像合成

2.1　卡片宣传卡片

　　一幅完整的宣传作品必然是由文字和图像两个必要元素组成，但是两者的合成并非将它们放到一起就大功告成了，其中需要注意版式、字体、图像的效果等因素。本节将为大家介绍宣传卡片制作的实例。

　　案例最终效果图：

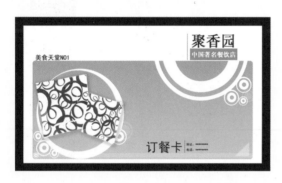

◎　　制作时间：30 分钟

◎　　知识重点：导入图片、滤镜、色阶、透明
　　　　　　　度、去色、自由变换的应用

◎　　学习难度：★☆

2.1.1　案例分析

　　本实例为文字与图像结合的卡片图像效果，整体风格简单清新，通过基本图像的多种特效处理，使图像赋予了优雅、舒适。案例最终被定义为"订餐卡"，因此其独具匠心也是本案例的一个特色。

　　主要制作流程：

2.1.2 实例操作

(1) 执行"文件"→"新建"命令弹出"新建"对话框,在如图2-1所示的"新建"对话框中设置新建文件值,在名称①处输入文件名称,在②处分别设置文件宽度为"1024"像素,高度为"600"像素,分辨率为"300"像素／英寸,颜色模式设为"RGB"模式,背景内容设置为"白色",单击③处"确定"按钮。

图2-1

(2) 选中"背景"图层,单击"前景色"■按钮设置前景色,其颜色的具体设置为"黑色",按"Alt+Backspace"快捷键填充"背景"图层。

(3) 新建"图层1",选择"矩形选框工具"□按钮,绘制矩形选区,并单击"前景色"■按钮设置前景色,其颜色的具体设置为填充"白色",如图2-2所示。

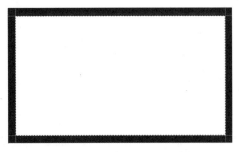

图2-2

提示:

选择标尺,执行"视图"→"标尺"命令,利用标尺确定"图层1"的位置、大小。

(4) 选择"圆角矩形工具"■按钮,绘制如图2-3所示的圆角矩形,"图层"面板中自动生成"形状1",如图2-4所示。

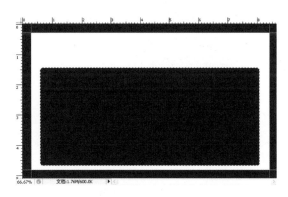

图2-3

图2-4

(5) 按住Ctrl键并单击"形状1"建立选区,单击"图层"面板中的"新建图层"■按钮,新建"图层2"。单击"渐变工具"■按钮,选择"线性渐变"■,选中"图层2"添加渐变,如图2-5所示。渐变颜色设置为"C:63、M:7、Y:96、K:0"和"C:34、M:1、Y:91、K:0",如图2-6和图2-7所示。

图2-5

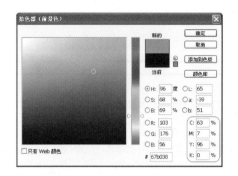

图 2-6

图 2-7

提示：

渐变分为 线性渐变、径向渐变、角度渐变、对称渐变和菱形渐变。

■线性渐变效果

■径向渐变效果

■角度渐变效果

■对称渐变效果

■菱形渐变效果

（6）选择"椭圆选框工具" 按钮，按住"Shift"键用鼠标拖拽绘制正圆形选区。选择"图层"面板中的"新建图层"按钮，新建"图层3"，单击"前景色"按钮设置前景色，其颜色的具体设置为"白色"，如图 2-8 所示。

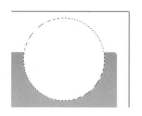

图 2-8

（7）选中"图层3"，选择"椭圆选框工具"按钮，按住"Shift"键用鼠标拖拽绘制正圆形选区，如图 2-9 所示，按"Delete"键删除所选区域。

图 2-9

（8）选择"椭圆选框工具" 按钮，按住"Shift"键用鼠标拖拽绘制正圆形选区。选择"图层"面板中的"新建图层"按钮，新建"图层4"，单击"前景色"按钮设置前景色，其颜色的具体设置为"白色"。选择"椭圆选框工具"按钮，按住"Shift"键用鼠标拖拽绘制正圆形选区，如图 2-10 所示，按"Delete"键删除所选区域。

图 2-10

（9）选中"图层3"和"图层4"，选择"矩形选框工具" "按钮，如图2-11所示，按"Delete"键删除所选区域。

图2-11

(10) 选择"新建工作组" "按钮，新建"组1"，选中"图层3"和"图层4"拖拽至工作组"组1"，如图2-12所示。

图2-12

(11) 选择"椭圆选框工具" "按钮，按住"Shift"键用鼠标拖拽绘制正圆形选区，选择"图层"面板中的"新建图层" "按钮，新建"图层5"，单击"前景色" "按钮设置前景色，其颜色的具体设置为"白色"。选择"椭圆选框工具"，按住"Shift"键用鼠标拖拽绘制正圆形选区，按"Delete"键删除所选区域。

(12) 选择"椭圆选框工具" "按钮，按住"Shift"键用鼠标拖拽绘制正圆形选区。新建"图层6"，单击"前景色" "按钮设置前景色，其颜色的具体设置为"白色"。选择"椭圆选框工具"，按住"Shift"键用鼠标拖拽绘制正圆形选区，按"Delete"键删除所选区域，如图2-13所示。

(13) 选择"新建工作组" "按钮，新建"组2"，选择"图层5"和"图层6"拖拽至工作组"组2"，如图2-14所示。

图2-13

图2-14

(14) 选中"组2"右击，选择复制"组2"，"图层"面板中自动生成"组2副本"，如图2-15所示。

图2-15

(15) 选中"组2"右击，选择复制"组2"，"图层"面板中自动生成"组2副本2"，按"自由变换"快捷键"Ctrl+T"调整图像大小，如图2-16所示。

图2-16

（16）选择"椭圆选框工具" 按钮，按住"Shift"
键用鼠标拖拽绘制正圆形选区。选择"图层"面板
中的"新建图层" 按钮，新建"图层7"，单击"前
景色" 按钮设置前景色，其颜色的具体设置为
"C：34、M：1、Y：91、K：0"，如图2—17所示。选
择"椭圆选框工具"，按住"Shift"键用鼠标拖拽绘
制正圆形选区，按"Delete"键删除所选区域，如图
2—18所示。

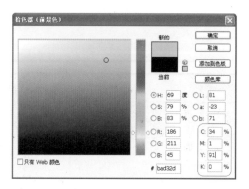

图2—19

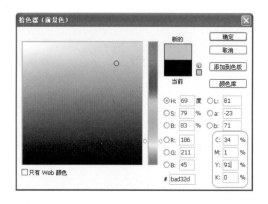

图2—17

图2—20

图2—18

图2—21

（17）选择"椭圆选框工具" 按钮，按住"Shift"
键用鼠标拖拽绘制正圆形选区。选择"图层"面板
中的"新建图层" 按钮，新建"图层8"，单击"前
景色" 按钮设置前景色，其颜色的具体设置为
"C：34、M：1、Y：91、K：0"，如图2—19所示。选
择"椭圆选框工具"，按住"Shift"键用鼠标拖拽绘
制正圆形选区，按"Delete"键删除所选区域，如图
2—20所示。

（18）选择"新建工作组" 按钮，新建"组3"，
选中"图层7"和"图层8"，拖拽至工作组"组3"，
不透明度设置为"50%"，如图2—21所示。

（19）选择"图层"面板中的"新建图层" 按
钮，新建"图层9"，选择"椭圆选框工具" 按钮，
按住"Shift"键用鼠标拖拽绘制正圆形选区，单击
"前景色" 按钮设置前景色，其颜色的具体设置为
"白色"。选择"椭圆选框工具"，按住"Shift"键用
鼠标拖拽绘制正圆形选区，按"Delete"键删除所选
区域，如图2—22所示。

（20）选中"组2"右击，选择复制"组2"，"图
层"面板中自动生成"组2副本1"，选中"组2"复
制，"图层"面板中自动生成"组2副本2"，选中
"组2"复制，"图层"面板中自动生成"组2副本
3"，选中"组2"复制，"图层"面板中自动生成"组
2副本4"，选中"组2"复制，"图层"面板中自动

生成"组2副本5",按下"自由变换"快捷键"Ctrl+T"调整图像大小,如图2—23所示。

图2—22

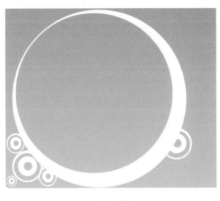

图2—23

(21)选中"组2"右击,复制"组2","图层"面板中自动生成"组2副本6",按下"自由变换"快捷键"Ctrl+T"调整图像大小,如图2—24所示。

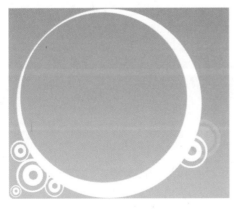

图2—24

(22)选择"钢笔工具" ✎ 按钮绘制三角形,"图层"面板中自动生成"形状2",单击"前景色"按钮 ■ 设置前景色,其颜色的具体设置为"白色",图层不透明度设置为"40%",如图2—25所示,完成效果如图2—26所示。

图2—25

图2—26

(23)选择"矩形选框工具" ▣ 按钮,选择"图层"面板中的"新建图层" ▣ 按钮,新建"图层10",单击"前景色" ■ 按钮设置前景色,其颜色的具体设置为"白色",按"Alt+Backspace"快捷键填充,图层"不透明度"设置为"20%",如图2—27所示,完成效果如图2—28所示。

图2—27

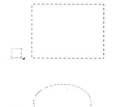

图 2—28

提示：

绘制规则选区——使用工具栏中的选框工具绘制出规则选区填充颜色。

按住"Shift"键拖动选区，绘制出的选区为规则形状。

（24）打开素材"文件"→"打开"→"光盘"→"ch02"→"001.gif"，如图 2—29 所示。

层 11"，如图 2—30 所示。选中"图层 11"，单击"添加图层样式"*fx.*按钮，添加图层样式"投影"，混合模式"正片叠底"，不透明度"23%"，角度"120"，距离"5%"，扩展"45%"，大小"18"，如图 2—31 所示，完成效果如图 2—32 所示。

图 2—30

图 2—31

图 2—29

提示：

打开已有素材文件时，可直接在 Photoshop 界面的空白处双击，快速打开"打开文件"对话框。

图 2—32

（25）单击"选择工具"□按钮，将素材"001.gif"拖拽至文件中，"图层"面板中自动生成"图

（26）选择"横排文字工具"**T.**按钮，输入文字，①处字体设置为"System"，大小"6 点"，②处颜

色为白色，③处选择"字体加粗"如图 2-33 所示。

图 2-33

（27）选择"矩形选框工具"[]按钮，选择"图层"面板中的"新建图层"[]按钮，新建"图层 12"，单击"前景色"[]按钮设置前景色，其颜色的具体设置为"C：1、M：72、Y：49、K：0"，如图 2-34 所示。按"Alt+Backspace"键填充，如图 2-35 所示。

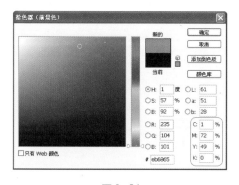

图 2-34

图 2-35

（28）选择"横排文字工具"[T]按钮，输入文字，①处字体设置为"System"，大小"14 点"，②处颜色为黑色，③处选择"字体加粗"，如图 2-36 所示，完成后效果如图 2-37 所示。

（29）选择"直线工具"\按钮，绘制直线，在"属性"面板中设置直线属性，粗细为"1"，创建新形状图层，如图 2-38 所示，完成效果如图 2-39 所示。

图 2-36

聚香园

图 2-37

粗细：1 px   样式：   颜色：

图 2-38

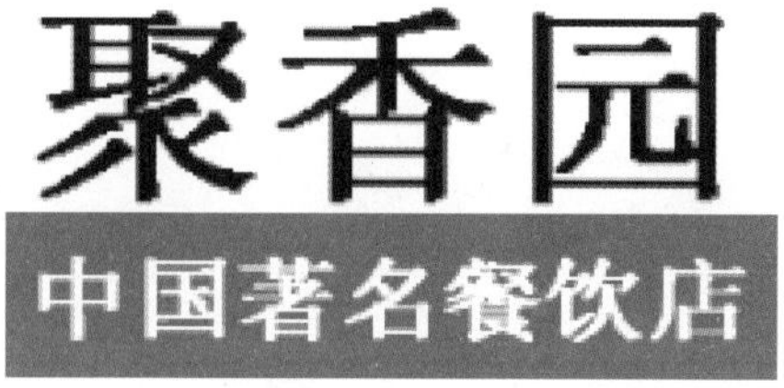

聚香园
中国著名餐饮店

图 2-39

（30）选择"横排文字工具"[T]按钮，输入文字，①处字体设置为"黑体"，大小"12 点"，②处颜色为黑色，如图 2-40 所示，完成后效果如图 2-41 所示。

图 2-40

图2—41

(31) 选择"直线工具"按钮,绘制直线,在"属性"面板中设置直线属性,粗细为"1",创建新形状图层,如图2—42所示,完成效果如图2—43所示。

粗细: 1 px 样式: 颜色:

图2—42

订餐卡

图2—43

(32) 选择"横排文字工具"按钮,输入文字,①处字体设置为"黑体",大小"3点",②处颜色为黑色,如图2—44所示,完成后效果如图2—45所示。

图2—44

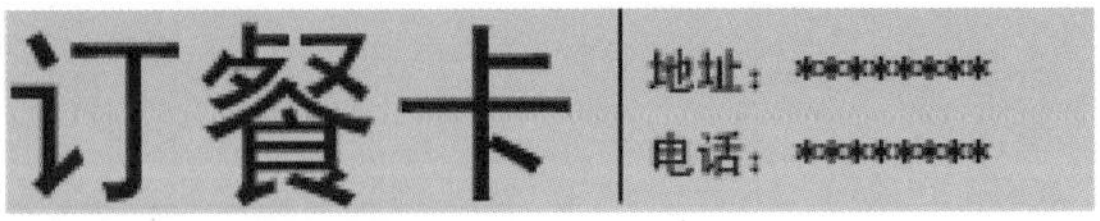

订餐卡 │ 地址: ********
      │ 电话: ********

图2—45

(33) 选择"横排文字工具"按钮,输入文字,①处字体设置为"黑体",大小"6点",②处颜色为黑色,完成后效果如图2—46所示。

图2—46

(34) 整理绘制的所有图形,完成最终的绘制,效果如图2—47所示。

美食天堂N01

图2—47

2.1.3 案例小结

本案例主要特点为颜色的搭配和运用,使用鲜明的对比效果加上多个图层的叠加,表现出订餐卡的效果,配合颜色突出的抱枕和图层样式的运用,使抱枕在整个作品中显得尤为突出,若整幅作品都以彩色图像构成难免会显得杂乱,而这幅作品中抱枕的装饰部分则采用了白色圆形的效果,平衡了整体色彩,给人休闲、放松的视觉感受。

2.2 POP 海报

POP 海报是英文〝pointofpurchase〞的缩写，俗称〝卖点广告〞。它主要应用于商业用途，用来刺激引导消费和活跃卖场气氛。POP 海报的形式有户外招牌、展板、橱窗海报、店内台牌、价目表、吊旗等。基于其特殊的商业用途，通常要求其形式夸张幽默、色彩强烈，能有效地吸引顾客的视线引起购买欲，本节中将带领大家制作 POP 海报。

案例最终效果图：

◎　制作时间：30 分钟

◎　知识重点：导入图片、钢笔工具，图层样式

◎　学习难度：★★

2.2.1　案例分析

本实例色彩强烈，整体风格简单清新，使用文字和图片搭配的方式达到宣传的效果，有效地吸引顾客的视线引起购买欲。通过基本图像的多种特效处理，使图像赋予了鲜明的对比。

主要制作流程：

2.2.2 实例操作

（1）执行"文件"→"新建"命令弹出"新建"对话框，在如图2-48所示的"新建"对话框中设置新建文件值，在名称①处输入文件名称，在②处分别设置文件宽度为"1700"像素，高度为"2400"像素，分辨率为"300"像素／英寸，颜色模式设为"RGB"模式，背景内容设置为"白色"，单击③处"确定"按钮。

图2-48

图2-49

提示：

文件名称可根据个人的习惯和要求进行自定义的设置。

设置文件大小的默认单位一般为"像素"，也可更改为"cm"、"mm"等。

（2）打开素材"文件"→"打开"→"光盘"→"ch02"→"002.gif"，如图2-49所示。

提示：

打开已有素材文件时，可直接在Photoshop界面的空白处双击，快速打开"打开文件"对话框。

（3）选择"选择工具" 按钮，将素材"002.gif"拖拽至文件中，"图层"面板中自动生成"图层1"，如图2-50所示。按下"自由变换"快捷键"Ctrl+T"自由变换，调整图像大小，如图2-51所示。

图2-50

图2-51

（4）打开素材"文件"→"打开"→"光盘"→"ch02"→"003.psd"，如图2-52所示。

图2-52

（5）选择"选择工具" 按钮，将素材"003.psd"拖拽至文件中，"图层"面板中自动生成"图层2"如图2-53所示。按下"自由变换"快捷键"Ctrl+T"自由变换，调整图像大小，图层样式设置为"亮度"，如图2-54所示。

图2-53

图2-54

（6）选择"图层2"复制，"图层"面板中自动生成"图层2副本"，按下"自由变换"快捷键"Ctrl+T"，调整图像大小，图层样式设置为"柔光"，如图2-55所示，完成效果如图2-56所示。

图2-55

（7）选择"钢笔工具" 按钮和"转换点工具" 按钮绘制，如图2-57所示。

图2-56

图2-57

（8）转化为选区，新建"图层3"，按住"Ctrl"键并单击"形状1"，单击"前景色"按钮 设置前景色，其颜色的具体设置为"C：62、M：2、Y：98、K：0"，如图2-58所示。按住"Alt+Backspace"快捷键填充"图层3"，如图2-59所示。

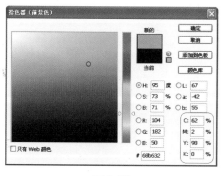

图2-58

（9）选择"图层3"复制，"图层"面板中自动生成"图层3副本"，按住"Ctrl"键并单击"图层3

副本",按住"Alt+Backspace"快捷键填充"图层3
副本",单击"前景色"按钮■设置前景色,其颜色
的具体设置为"白色",如图2-60所示。按下"自
由变换"快捷键"Ctrl+T"自由变换,调整图像大
小,如图2-61所示。

图2-62

图2-59

(11)选择"选择工具"▶按钮,将素材"004.
gif"复制至文件中,"图层"面板中自动生成"图
层4",按住"Ctrl"键并单击"图层3",单击"图
层4",执行"选择"→"反选"命令,按"Delete"
键删除选中部分,如图2-63所示。

图2-60

图2-63

(12)打开素材"文件"→"打开"→"光盘"
→"ch02"→"004.psd",如图2-64所示。

图2-61

(10)打开素材"文件"→"打开"→"光盘"
→"ch02"→"004.gif",如图2-62所示。

图2-64

(13) 选择"选择工具" ↳ 按钮将素材"005.psd"复制至文件中，自动生成"图层5"，图层样式设置为"强光"，如图2-65所示，完成效果如图2-66所示。

图 2-65

图 2-66

(14) 选择"横排文字工具" T 按钮，输入文字，字体设置为"Arial Black"，大小为"72"，如图2-67所示，颜色为"C：62、M：2、Y：98、K：0"，如图2-68所示。单击"添加图层样式" fx. 按钮添加图层样式，设置样式"投影"的不透明度为"30"，角度为"120"，距离为"5"，扩展为"5"，大小为"57"，如图2-69所示。设置样式"内阴影"的不透明度为"30"，角度为"160"，距离为"5"，阻塞为"5"，大小为"57"，如图2-70所示。设置样式"内发光"的不透明度为"50"，杂色为"0"，如图2-71所示。设置样式"斜面和浮雕"的角度为"45"，高度为"58"，如图2-72所示。设置样式"光泽"的角度为"-172"，如图2-73所示。完成效果如图2-74所示。

图 2-67

图 2-68

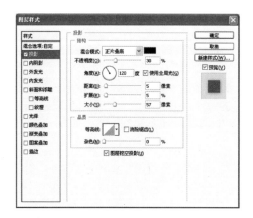

图 2-69

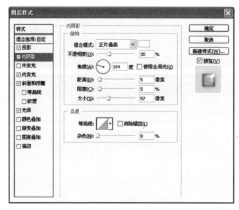

图 2-70

图 2-71

图 2-72

图 2-73

图 2-74

提示:

在"字符"面板中可以对文字内容进行详细的设置.字体设置和斜体\加粗的设置同选项栏上的内容相同。

字符间距选项可以用来详细设置字符的大小,间隔,宽窄.设置文字的大小尺寸。

行与行之间的间隔宽度.默认状态下是选择自动,如果有特别的要求,可以手动设置大小。

IT 100% 设置字体的高矮 T 100%,设置字体的胖瘦。

设置字符与字符之间的距离。

0点 颜色 设置字符的基线的位置,以及字符的颜色。

T T̄ TT Tᵣ T, T T̄ 字体修饰方式。

(15) 选择"横排文字工具"T 按钮,输入文字,设置字体为"宋体",大小为"22",颜色为白色,如图 2-75 所示。

(16) 单击"添加图层样式"fx 按钮,添加图层样式,设置样式"投影"的不透明度为"75",角度为"120",距离为"15",扩展为"11",大小为"21",如图 2-76 所示,效果如图 2-77 所示。

图 2-75   图 2-76

图 2-77

2.2.3　案例小结

　　本案例主要特点为颜色的对比，使用虚幻的透明效果加上多个图层的叠加，表现出背景草地的效果，配合颜色突出的烧烤的图层样式的运用，使烧烤在整个作品中显得尤为突出，若整幅作品都以彩色图像构成难免会显得杂乱，而这幅作品中背景部分和烧烤部分则采用了对比的效果，平衡了整体色彩，给人清爽，有食欲的视觉感受。

2.3　DM 单页

　　DM 单页是英文 Direct mail 的缩写，通俗的讲叫做快讯商品广告，DM 单页通常采取邮寄、定点派发、选择性派送到消费者住处等多种方式广为宣传，是超市最重要的促销方式之一。解释了 DM 单页的基本概念后本节将带领读者制作一个 DM 单页。

　　案例最终效果图：

◎　制作时间：20 分钟

◎　知识重点：导入图片、自由变换、钢笔工具、字体的设置、图层样式的应用

◎　学习难度：★

2.3.1　案例分析

　　本案例简单可爱，整体优雅温柔，通过基本图像的多种特效处理，和简洁的文字构图，使图像赋予了优雅、温柔，形成了不同寻常的 DM 单页，使消费者眼前一亮，提高消费欲望。

　　主要制作流程：

2.3.2 实例操作

（1）执行"文件"→"新建"命令弹出"新建"对话框，在如图 2-78 所示的"新建"对话框中设置新建文件值，在名称①处输入文件名称，在②处分别设置文件宽度为"2700"像素，高度为"3400"像素，分辨率为"300"像素／英寸，颜色模式为"RGB"模式，背景内容设置为"白色"，单击③处"确定"按钮。

图 2-78

> ## 提示：
>
> 　　文件名称可根据个人的习惯和要求进行自定义的设置。
> 　　设置文件大小的默认单位一般为"像素"，也可更改为"cm"、"mm"等。

（2）打开素材"文件"→"打开"→"光盘"→"ch02"→"005.jpg"，如图 2-79 所示。

图 2-79

（3）选择"选择工具" 按钮，"图层"面板中自动生成"图层 1"，将素材"005.jpg"复制至文件中，自动生成"图层 2"，如图 2-80 所示。

图 2-80

（4）按"自由变换"快捷键"Ctrl+T"自由变换，调整图像大小，如图 2-81 所示。

图 2-81

（5）右击"图层 2"，选择复制图层，"图层"面板中自动生成"图层 2 副本"，图层样式设置为"变暗"，如图 2-82 所示。

图 2-82

（6）执行"文件"→"编辑"→"变换"→"旋转 180 度"命令，如图 2-83 所示。按"自由变换"

快捷键"Ctrl+T"自由变换，调整图像大小，如图 2-84 所示。

图 2-83

图 2-84

提示：

"文件"→"编辑"→"变换"子菜单中，有多种旋转选项，或者按"Ctrl+T"快捷键自由变换旋转。

(7) 选择"钢笔工具" 按钮，绘制一个矩形，如图 2-85 所示。

图 2-85

(8) 选择"转换点工具" 按钮，绘制图形，如图 2-86 所示。

图 2-86

(9) 选择"钢笔工具" 按钮绘制，如图 2-87 所示，单击按钮 设置前景色，颜色设置为"C：0、M：100、Y：0、K：0"，如图 2-88 所示。

图 2-87

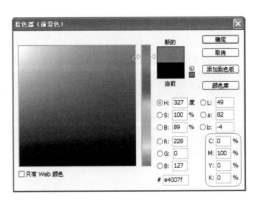

图 2-88

（10）选择"添加图层样式" fx 按钮，"图层样　　　"110"，②颜色为"C：0、M：100、Y：0、K：0"，
式"选择"描边"，大小设置为"30"，如图2-89　　如图2-94所示，效果如图2-95所示。
所示。

图2-89

图2-92

图2-93

（11）选择"横排文字工具" T 按钮，如图2-90
所示，设置①字体为"方正粗倩简体"，大小为
"85"，②颜色为"C：0、M：100、Y：0、K：0"，
如图2-91所示，③选择"字体加粗"，效果如图
2-92所示。

图2-90

图2-94

图2-91

图2-95

（12）选择"横排文字工具" T 按钮，如图2-93
所示，设置①字体为"方正粗倩简体"，大小为

2.3.3　案例小结

本案例主要特点为文字的运用，使用虚幻的透明效果加上多个图层的叠加，表现出背景花和蝴蝶的装饰效果，配合颜色突出的文字图层样式的运用，使文字在整个作品中显得尤为突出，若整幅作品都以彩色图像构成难免会显得杂乱，而这幅作品中文字部分和背景部分则采用了相近的颜色效果，平衡了整体色彩，给人舒服的视觉感受。

2.4　电影海报

电影的宣传方式除了电视和各种媒体外，最为常见的还有电影海报。这类宣传海报比较容易掌握其规律，一般都以电影名称作为海报的主题，电影的主人公占据海报的中心位置，其余一些配角演员围绕主人公构成整幅画面，海报的背景则以电影的类型或情节而定。本节中将制作一个具有科幻卡通色彩的电影海报。

案例最终效果图：

◎　制作时间：20分钟

◎　知识重点：导入图片、自由变换、钢笔工具、字体的设置、图层样式的应用、添加矢量蒙版

◎　学习难度：★

2.4.1　案例分析

本节案例选择电影的主人公和电影名称为组成该电影海报的主要元素，因而重点也定位在突出电影名称和主人公上。本实例整体风格简单可爱，动感十足。

主要制作流程：

2.4.2　实例操作

（1）执行"文件"→"新建"命令弹出"新建"对话框，在如图2-96所示的"新建"对话框中设置新建文件值，在名称①处输入文件名称，在②处分别设置文件宽度为"2115"像素，高度为"1920"像素，分辨率为"300"像素／英寸，颜色模式设为"RGB"模式，背景内容设置为"白色"，单击③处"确定"按钮。

图2-96

提示：

　　文件名称可根据个人的习惯和要求进行自定义的设置。

　　设置文件大小的默认单位一般为"像素"，也可更改为"cm"、"mm"等。

（2）选择"图层"面板中"创建新图层"按钮，新建"图层1"，单击"前景色"按钮设置前景色，其颜色的具体设置为"黑色"，按"Alt+Backspace"快捷键完成前景色填充，如图2-97所示。

图2-97

（3）选择"图层"面板中"创建新图层"按钮，新建"图层2"，单击"前景色"按钮设置前景色，其颜色的具体设置为"C：100、M：0、Y：100、K：50"，如图2-98所示，按"Alt+Backspace"快捷键完成前景色填充，完成效果如图2-99所示。

图2-98

图2-99

（4）选中"图层2"，选择"图层"面板中的"添加矢量蒙版"按钮，选择"渐变工具"按钮，属性设置为，如图2-100所示，完成效果如图2-101所示。

图2-100

图2-101

(5) 选择"图层"面板中"创建新图层" 按钮，新建"图层 3"，单击"前景色" 按钮设置前景色，其颜色的具体设置为"黑色"，按"Alt+Backspace"快捷键完成前景色填充，选择"矩形选框工具"按钮，绘制矩形选区，完成效果如图 2-102 所示。

图 2-102

(6) 选择"图层"面板中"创建新图层" 按钮，新建"图层 4"，单击"前景色" 按钮设置前景色，其颜色的具体设置为"C：100、M：1、Y：100、K：11"，如图 2-103 所示，按"Alt+Backspace"快捷键完成前景色填充，重复步骤 (5)、(6)，绘制如图 2-104 所示。

图 2-103

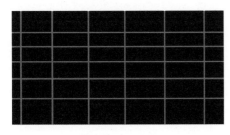

图 2-104

(7) 选择"滤镜" → "模糊" → "高斯模糊"命令，如图 2-105 所示，弹出"高斯模糊"对话框，在对话框中进行设置，设置半径为"10"，如图 2-106 所示。

(8) 选择"编辑" → "变换" → "透视"命令，如图 2-107 所示，按下"自由变换"快捷键"Ctrl+T"，调整图像大小，如图 2-108 所示，重复步骤 (5) ~

(8)，完成效果如图 2-109 所示。

图 2-105

图 2-106

图 2-107

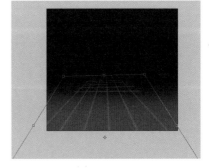

图 2-108

图2-109

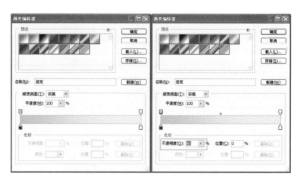

图2-113

(9) 选择"图层"面板中"创建新图层" ▣ 按
钮，新建图层，选择"图层"面板中的"添加矢量蒙版"
▣ 按钮，选择"渐变工具" ▣ 按钮，属性设置为
▣· ▣ ▣▣▣▣▣，如图2-110所示，完成效果如
图2-111所示。

图2-110

图2-114

图2-111

(10) 选择"图层"面板中"创建新图层" ▣ 按
钮，新建"图层5"、"图层6"，如图2-112所示，选
择"渐变工具" ▣ 按钮，属性设置如图2-113所示。

图2-112

图2-115

图2-116

(11) 选择"图层"面板中"创建新图层" ▣ 按
钮，新建"图层7"，选择"渐变工具" ▣ 按钮，属
性设置如图2-114所示，完成效果如图2-115所示。

(12) 打开素材"文件"→"打开"→"光盘"
→"ch02"→"006.psd"，如图2-116所示。

(13) 选择"选择工具" ▣ 按钮，将素材"006.
psd"复制至文件中，"图层"面板中自动生成"图
层8"，如图2-117所示。

图2-117

(14) 打开素材"文件"→"打开"→"光盘"
→"ch02"→"007.psd",如图2-118所示。

图2-118

(15) 选择"选择工具" 按钮,将素材"007.
psd"拖拽至文件中,"图层"面板中自动生成"图
层9",如图2-119所示。

图2-119

(16) 选择"图层"面板中"创建新图层" 按
钮,新建"图层10",选择"多边形套索工具" 按
钮,绘制选区,如图2-120所示。单击"前景色"
按钮设置前景色,其颜色的具体设置为"C:34、
M:0、Y:78、K:0",如图2-121所示。

(17) 选择"图层"面板中的"添加矢量蒙版"
按钮,选择"渐变工具" 按钮,属性为
,如图2-122所示,完成效果如
图2-123所示。

图2-120

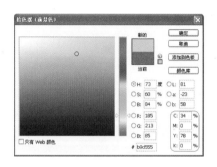

图2-121

图2-122

图2-123

(18) 复制"图层8"和"图层10",按下"自
由变换"快捷键"Ctrl+T"自由变换,调整图像大
小,如图2-124所示。

图2-124

（19）执行"文件"→"新建"命令弹出"新建"对话框，在"新建"对话框中设置新建文件值，文件的宽高自定义，分辨率为"300"像素，颜色模式设为"RGB"模式，背景内容设置为"白色"。

（20）选择"图层"面板中"创建新图层"按钮，新建"图层1"，选择"椭圆选框工具"按钮，按住"Shift"键用鼠标拖拽绘制正圆形，如图2-125所示。选择"渐变工具"按钮，属性为 ，渐变编辑器设置为如图2-126所示。

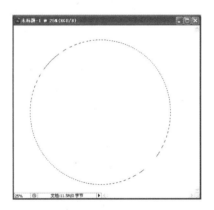

图 2-125

图 2-126

（21）渐变颜色的具体值依次设置为"C：61、M：0、Y100、K：0"，如图2-127所示"C：10、M：0、Y：83、K：0"，如图2-128所示"C：0、M：96、Y：95、K：0"，如图2-129所示。

（22）选中"图层1"，完成步骤（20）、（21），属性设置为 ，在新建文件中进行渐变填充，完成效果如图2-130所示。

图 2-127

图 2-128

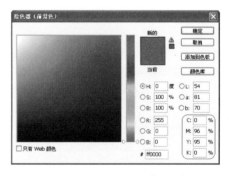

图 2-129

图 2-130

（23）选中"图层1"，选择"滤镜"→"扭曲"→"波浪"命令，如图2-131所示，弹出"波浪"对话框，在对话框中进行设置，如图2-132所示，完成效果如图2-133所示。

图 2-131

图 2-132

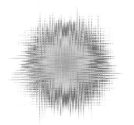

图 2-133

(24) 选中"图层1",选择"滤镜"→"模糊"→"径向模糊"命令,如图 2-134 所示,弹出"径向模糊"对话框,在对话框中进行设置,如图 2-135 所示,完成效果如图 2-136 所示。

图 2-134

图 2-135

图 2-136

(25) 将上述制作的图层导入文件,"图层"面板自动生成"图层11",如图 2-137 所示。

图 2-137

(26) 选择"钢笔工具" 按钮,绘制路径如图 2-138 所示。

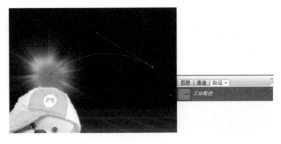

图 2-138

51

（27）选择＂图层＂面板中＂创建新图层＂□按钮，新建＂图层12＂，选择＂画笔工具＂✍按钮，属性设置如图2-139所示。单击＂前景色＂■按钮设置前景色，其颜色的具体设置为＂C：9、M：7、Y：7、K：0＂，如图2-140所示。右击步骤（26）绘制的路径，选择＂描边路径＂，如图2-141所示。

图2-139

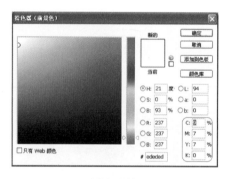

图2-140

图2-141

（28）弹出＂描边路径＂对话框，如图2-142所示，完成效果如图2-143所示。

图2-142

图2-143

（29）选中＂图层12＂，选择＂图层＂面板中的＂添加矢量蒙版＂◙按钮，选择＂渐变工具＂■按钮，属性设置为■·■■■■，如图2-144所示，效果如图2-145所示，复制＂图层12＂，完成效果如图2-146所示。

图2-144

图2-145

图2-146

（30）打开素材＂文件＂→＂打开＂→＂光盘＂→＂ch02＂→＂008.psd＂，如图2-147所示。

图2-147

（31）选择"选择工具" 按钮，将素材"008.psd"拖拽至文件中，"图层"面板中自动生成"图层13"，如图2-148所示。

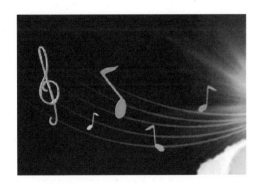

图2-148

（32）打开素材"文件"→"打开"→"光盘"→"ch02"→"009.psd"，如图2-149所示。

图2-149

（33）选择"选择工具" 按钮，将素材"009.psd"拖拽至文件中，"图层"面板中自动生成"图层14"，如图2-150所示。

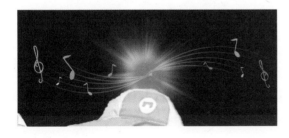

图2-150

（34）选择"椭圆选框工具" 按钮，按住"Shift"键用鼠标拖拽绘制正圆形选区，如图2-151所示。单击"前景色" 按钮设置前景色，其颜色的具体设置为"C：0、M：0、Y：50、K：0"，如图2-152所示。

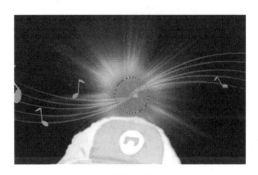

图2-151

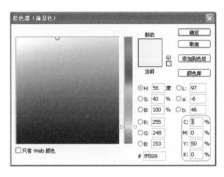

图2-152

（35）选择"滤镜"→"模糊"→"高斯模糊"命令弹出"高斯模糊"对话框，在对话框中进行设置，半径设置为"17.6"，如图2-153所示，完成效果如图2-154所示。

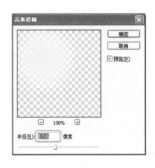

图2-153

图2-154

（36）重复步骤（34）、（35），绘制如图2—155
所示效果。

图2—155

（37）打开素材"文件"→"打开"→"光盘"
→"ch02"→"010.psd"，如图2—156所示。

图2—156

（38）选择"选择工具" 按钮，将素材"010.
psd"拖拽至文件中，"图层"面板中自动生成"图
层15"，如图2—157所示。

图2—157

（39）建立新图层"图层16"，选择"多边形工
具" 按钮，属性设置为 ，其他设置如图2—158
所示，右击绘制好的图形，选择"填充路径"，如图
2—159所示。

（40）弹出"填充路径"对话框，在对话框中
进行设置，如图2—160所示，完成效果如图2—161
所示。

图2—158

图2—159

图2—160

图2—161

（41）选择"椭圆选框工具" 按钮，绘制选区
如图2—162所示，选择"选择"→"修改"→"羽
化"命令，弹出"羽化"对话框，在对话框中进行
设置，如图2—163所示。单击"前景色" 按钮设
置前景色，其颜色的具体设置为"白色"，按
"Alt+Backspace"快捷键完成前景色填充，完成效
果如图2—164所示。

图 2—162

图 2—163

图 2—164

(42) 复制步骤 (40)、(41) 产生的图层，按下"自由变换"快捷键"Ctrl+T"，调整图像大小，如图 2—165 所示。

图 2—165

(43) 打开素材"文件"→"打开"→"光盘"→"ch02"→"011.psd"，如图 2—166 所示。

(44) 选择"选择工具" 按钮，将素材"010. psd"和"011.jpg"拖拽至文件中，"图层"面板中自动生成"图层 17"和"图层 18"，如图 2—167 所示。

图 2—166

图 2—167

(45) 打开素材"文件"→"打开"→"光盘"→"ch02"→"012.psd"如图 2—168 所示。

图 2—168

(46) 选择"选择工具" 按钮，将素材"012. jpg"复制至文件中，"图层"面板中自动生成"图层 19"，如图 2—169 所示。

图 2—169

(47) 选择"横排文字工具" T 按钮,设置文字的属性如图 2-170 所示,颜色设置为"C:0、M:0、Y:100、K:0",如图 2-171 所示,完成后效果如图 2-172 所示。

图 2-170

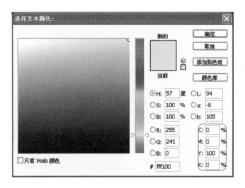

图 2-171

图 2-172

(48) 选择"横排文字工具" T 按钮,设置文字的属性如图 2-173 所示,完成后效果如图 2-174 所示。

图 2-173

图 2-174

(49) 选择"钢笔工具" ✎ 按钮,绘制路径如图 2-175 所示,选择"横排文字工具" T 按钮,设置文字的属性如图 2-176 所示,颜色设置为"C:70、M:18、Y:99、K:8",如图 2-177 所示,完成效果如图 2-178 所示。

图 2-175

图 2-176

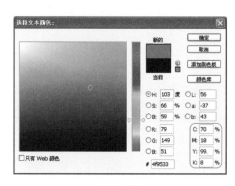

图 2-177

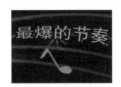

图 2-178

(50) 选择"横排文字工具"T.按钮，设置文字的属性如图 2-179 所示，颜色设置为"C：0、M：30、Y：100、K：0"，如图 2-180 所示，完成后效果如图 2-181 所示。

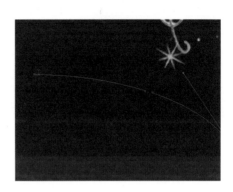

图 2-182

图 2-179

图 2-183

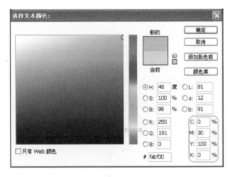

图 2-180

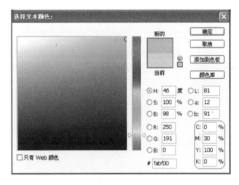

图 2-184

图 2-181

图 2-185

(51) 选择"钢笔工具"ᐰ.按钮，绘制路径如图 2-182 所示，选择"直排文字工具"T.按钮，设置文字的属性如图 2-183 所示，颜色设置为"C：0、M：30、Y：100、K：0"，如图 2-184 所示，完成效果如图 2-185 所示。

(52) 选择"横排文字工具"T.按钮，设置文字的属性如图 2-186 所示，颜色设置为"C：70、M：18、Y：99、K：8"，如图 2-187 所示，完成后效果如图 2-188 所示。

图 2—186

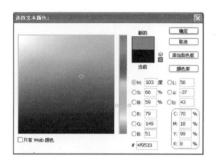

图 2—187

图 2—188

图 2—191

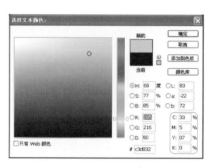

图 2—192

图 2—193

（53）选中〝吉〞字，单击文字属性面板上的
颜色，设置颜色为〝C：2、M：97、Y：88、K：0〞，
如图 2—189 所示，完成效果如图 2—190 所示。

（55）选择〝横排文字工具〞按钮，设置文
字的属性如图 2—194 所示，颜色设置为〝C：33、
M：5、Y：87、K：0〞，如图 2—195 所示，完成后效
果如图 2—196 所示。

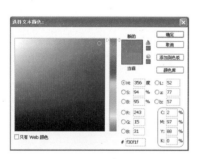

图 2—189

图 2—194

图 2—190

（54）选择〝横排文字工具〞按钮，设置文
字的属性如图 2—191 所示，颜色设置为〝C：33、
M：5、Y：87、K：0〞，如图 2—192 所示，完成后效
果如图 2—193 所示。

图 2—195

图 2-196

(56) 按住"Ctrl"键用鼠标单击图层建立选区，如图 2-197 所示，选择  按钮，属性设置如图 2-198 所示，完成效果如图 2-199 所示。

图 2-197

图 2-198

图 2-199

(57) 复制步骤 (56) 的图层，选择"滤镜"→"风格化"→"浮雕效果"命令，如图 2-200 所示，在弹出的"浮雕效果"对话框中进行设置，如图 2-201 所示，完成效果如图 2-202 所示。

图 2-200   图 2-201

图 2-202

(58) 将步骤 (57) 图层放置于步骤 (56) 图层下，如图 2-203 所示。

图 2-203

2.4.3　案例小结

　　本案例主要特点是虚幻，使用虚幻的透明效果加上多个图层的叠加，表现出背景和小猴的装饰效果，配合颜色突出的文字图层样式的运用，使文字在整个作品中显得尤为突出，若整幅作品都以彩色图像构成难免会显得杂乱，而这幅作品中文字部分和背景部分则采用了相近的颜色效果，平衡了整体色彩，给人舒服的视觉感受。

2.5　建筑效果图

　　建筑效果的合成表现在依照建筑设计方案或所需宣传目的找到相应素材，结合熟练的电脑制作技术，从比例、尺度、对称、均衡、对比、对位、节奏、韵律、虚实、明暗、质感、色彩、光影等方面上，对建筑进行的一种虚拟图像表现。通过建筑表现，让建筑富有表情和感染力，可以陶冶和震撼人的心灵。

　　案例最终效果图：

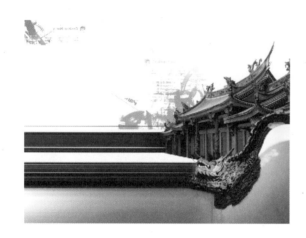

◎　制作时间：20分钟

◎　知识重点：导入图片、自由变换、钢笔工具、字体的设置、图层样式的应用

◎　学习难度：★

2.5.1　案例分析

　　本案例灵活地运用手中的素材，结合简单的线条和颜色的搭配，将陈旧的一张建筑素材创作成为一幅艺术感十足的建筑合成图，陈旧的建筑立刻显现出了别样的雄伟。

　　主要制作流程：

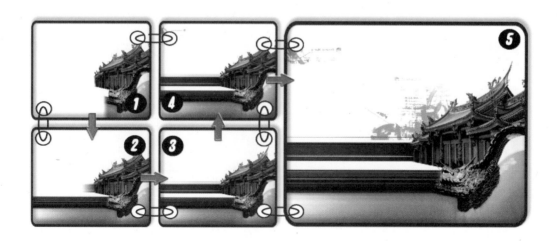

2.5.2 实例操作

（1）执行"文件"→"新建"命令，弹出"新建"对话框，在如图2-204所示的"新建"对话框中设置新建文件值，在名称①处输入文件名称，②处分别设置文件宽度为"3500"像素,高度为"2600"像素,分辨率为"300"像素／英寸,颜色模式设为"RGB"模式,背景内容设置为"白色",单击③处"确定"按钮。

图2-204

提示：

文件名称可根据个人的习惯和要求进行自定义的设置。

设置文件大小的默认单位一般为"像素",也可更改为"cm"、"mm"等。

（2）打开素材"文件"→"打开"→"光盘"→"ch02"→"013.jpg",如图2-205所示。

图2-205

（3）选择"魔棒工具" 按钮，属性设置为 ，选中文件的背景部分，如图2-206所示，选择"多边形套索工具" 按钮，选区如图2-207所示。

图2-206

图2-207

（4）按"Delete"键删除选中部分，如图2-208所示。

图2-208

（5）选择"选择工具" 按钮，将素材"013.jpg"拖拽至文件中，"图层"面板中自动生成"图层1",如图2-209所示。

图2-209

（6）选择"减淡工具" 按钮，属性设置如图2-210所示，选中"图层1"，对"图层1"做"减淡处理"，如图2-211所示。

图2-212

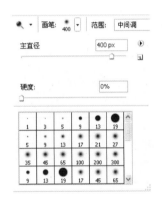

图2-210

图2-213

图2-211

图2-214

（7）选择"编辑"→"变换"→"扭曲"命令，如图2-212所示，按下"自由变换"快捷键"Ctrl+T"自由变换，调整图像大小，完成效果如图2-213所示。

（8）打开素材"文件"→"打开"→"光盘"→"ch02"→"014.jpg"，如图2-214所示。

（9）选择"选择工具" 按钮，将素材"014. jpg"拖拽至文件中，"图层"面板中自动生成"图层2"，按下"自由变换"快捷键"Ctrl+T"自由变换，调整图像大小，如图2-215所示。

图 2-215

(10) 选中"图层 3",在"图层"面板中选择
"添加矢量蒙版" ▣ 按钮,如图 2-216 所示,完成
后效果如图 2-217 所示。

图 2-216

图 2-217

(11) 执行"文件"→"新建"命令弹出"新
建"对话框,在"新建"对话框中设置新建文件值,
文件的宽高自定义,分辨率为"300"像素,颜色
模式设为"RGB"模式,背景内容设置为"白色"。

(12) 选择"图层"面板中"创建新图层" ▣ 按
钮,新建"图层 1",单击"前景色" ▣ 按钮设置前
景色,其颜色的具体设置为"黑色",按
"Alt+Backspace"快捷键完成前景色填充,完成效
果如图 2-218 所示。

(13) 选择"滤镜"→"渲染"→"镜头光晕"
命令,如图 2-219 所示,在弹出的"镜头光晕"对
话框中进行设置,如图 2-220 所示,完成效果如图
2-221 所示。

图 2-218

图 2-219

图 2-220

图 2-221

（14）选择〝图像〞→〝调整〞→〝色相／饱和度〞命令，如图 2-222 所示，在弹出的〝色相／饱和度〞对话框中进行设置，如图 2-223 所示，完成效果如图 2-224 所示。

图 2-225

图 2-222

图 2-226

图 2-223

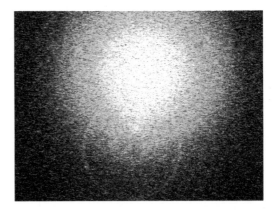

图 2-227

（16）选择〝滤镜〞→〝模糊〞→〝动感模糊〞命令，如图 2-228 所示，在弹出的〝动感模糊〞对话框中进行设置，如图 2-229 所示，完成效果如图 2-230 所示。

图 2-224

（15）选择〝滤镜〞→〝像素化〞→〝铜版雕刻〞命令，如图 2-225 所示，在弹出的〝铜版雕刻〞对话框中进行设置，如图 2-226 所示，完成效果如图 2-227 所示。

图 2-228

图2-229

图2-230

(17) 选择"矩形选框工具"□按钮,选中部分如图2-231所示,建立选区,选择"图层"面板中"创建新图层"□按钮,新建"图层2",选中"图层1",按"Ctrl+C"快捷键复制选区内的部分,选中"图层2",按"Ctrl+V"快捷键粘贴。

图2-231

(18) 选择"矩形选框工具"□按钮,选中部分如图2-232所示,建立选区,选择"图层"面板中"创建新图层"□按钮,新建"图层3",选中"图

层1",按"Ctrl+C"快捷键复制选区内的部分,选中"图层3",按"Ctrl+V"快捷键粘贴,按下"自由变换"快捷键"Ctrl+T"自由变换,调整图像大小,如图2-233所示。

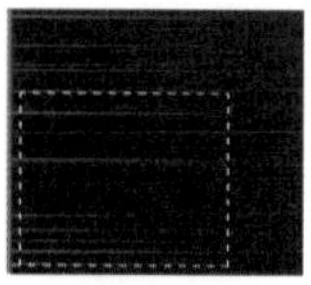

图2-232

图2-233

(19) 选中"图层3",在"图层"面板中选择"添加矢量蒙版"□按钮,完成后效果如图2-234所示。

图2-234

(20) 选择"选择"→"反向"命令,按"Delete"键删除选中的部分,如图2-235所示,删除"图层1"。按住"Ctrl键"单击选中"图层2"、"图层3",右击选择"合并图层",完成后效果如图2-236所示。

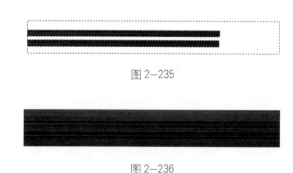

图2-235

图2-236

(21) 选择"矩形选框工具"□按钮,建立选区,选择"图层"面板中"创建新图层"□按钮,新建"图层4",单击"前景色"■按钮设置前景色,其颜色的具体设置为"C:16、M:12、Y:12、K:0",如

图2-237所示，按"Alt+Backspace"快捷键完成前景色填充，完成效果如图2-238所示。

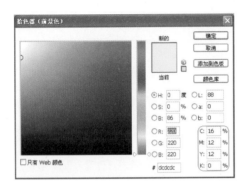

图2-237

图2-238

（22）选择"滤镜"→"模糊"→"高斯模糊"命令，在弹出的"高斯模糊"对话框中进行设置，如图2-239所示，完成效果如图2-240所示。

图2-239

图2-240

（23）重复以上步骤，达到如图2-241所示的效果。

（24）完成以上的制作步骤，将图层合并推拽至文件夹中，按下"自由变换"快捷键"Ctrl+T"自由变换，调整图像大小，完成效果如图2-242所示。

图2-241

图2-242

（25）参照以上步骤，制作效果如图2-243所示。

图2-243

（26）复制"图层4"，"图层"面板中自动生成"图层4副本"，选中"图层4副本"，在"图层"面板中选择"添加矢量蒙版" 按钮，如图2-244所示，完成后效果如图2-245所示。

图2-244

（27）选择"文件"→"置入"命令，如图2-246所示，选中文件"015.jpg"，单击"置入"按钮，"图层"面板中自动生成"图层5"，完成后效果如图2-247所示。

（28）选择"文件"→"置入"命令，选中文件
"016.jpg"，单击"置入"按钮，"图层"面板中自
动生成"图层6"，完成后效果如图2-248所示。

图 2-245

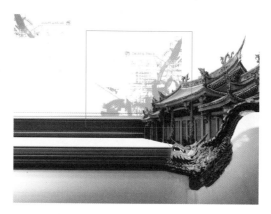

图 2-248

图 2-246

（29）选中"图层6"，在"图层"面板中选择
"添加矢量蒙版" 按钮，如图2-249所示，完成
后效果如图2-250所示。

图 2-249

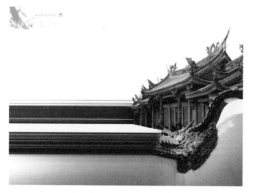

图 2-247

图 2-250

2.5.3　案例小结

　　本案例主要特点是虚幻，使用虚幻的透明效果加上多个图层的叠加，表现出墙的动感效果，配合颜色突出建筑，使建筑在整个作品中显得尤为突出，若整幅作品都以彩色图像构成难免会显得杂乱，而这幅作品中文字部分和背景部分则采用了相近的颜色效果，平衡了整体色彩，给人舒服的视觉感受。

第 3 章　商业广告图像合成

3.1　房地产广告

商业广告图像合成的重点在于表现所要宣传的对象上，广告虽然首先是一种商业推销手段，但它也是一种文化。成功的广告常常并不赤裸裸地"王婆卖瓜"；相反，它要把自己的商业动机乃至商业性质巧妙地掩藏起来，给人的感觉仿佛不是在做广告。本节中将先带领读者制作一个地产类的商业广告。

案例最终效果图：

◎　制作时间：40分钟

◎　知识重点：导入图片、透明度、钢笔工具、横排文字工具、直排文字工具、添加矢量蒙版、自由变换的应用

◎　学习难度：★★

3.1.1　案例分析

本节案例为房地产类的商业广告，该类广告的特点在于画面华丽而饱满，整体设计都为了宣传房产而服务。

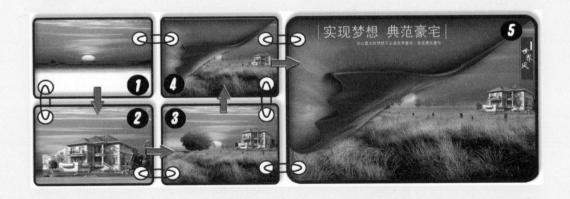

3.1.2 实例操作

（1）执行＂文件＂→＂新建＂命令弹出＂新建＂对话框，在如图 3-1 所示的＂新建＂对话框中设置新建文件值，名称①处输入文件名称，②处分别设置文件宽度为＂2600＂像素，高度为＂1300＂像素，分辨率为＂300＂像素，颜色模式设为＂RGB＂模式，背景内容设置为＂白色＂，单击③处＂确定＂按钮。

图 3-1

> **提示：**
>
> 文件名称可根据个人的习惯和要求进行自定义的设置。
>
> 设置文件大小的默认单位一般为＂像素＂，也可更改为＂cm＂、＂mm＂等。

（2）执行＂文件＂→＂打开＂→＂光盘＂→＂素材＂→＂ch03＂→＂001.psd＂，如图 3-2 所示。

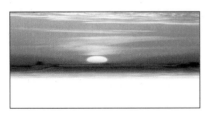

图 3-2

> **提示：**
>
> 打开已有素材文件时，可直接在 Photoshop 界面的空白处双击，快速打开＂打开文件＂对话框。

（3）选择＂选择工具＂按钮，将素材＂001.psd＂拖拽至文件中，＂图层＂面板中自动生成＂图层 1＂，如图 3-3 所示，选中＂图层 1＂，按下＂自由变换＂快捷键＂Ctrl+T＂调整图像大小，完成自由变换效果如图 3-4 所示。

图 3-3

图 3-4

（4）执行＂文件＂→＂打开＂→＂光盘＂→＂素材＂→＂ch03＂→＂002.psd＂，如图 3-5 所示，选择＂选择工具＂按钮，将素材＂002.psd＂复制至文件中，＂图层＂面板中自动生成＂图层 2＂，如图 3-6 所示，选中＂图层 2＂，按下＂自由变换＂快捷键＂Ctrl+T＂调整图像大小，完成自由变换效果如图 3-7 所示。

图 3-5

图 3-6

图3—7

图3—11

（5）执行"文件"→"打开"→"光盘"→"素材"→"ch03"→"003.psd"，如图3—8所示，选择"选择工具"按钮，将素材"003.psd"复制至文件中，"图层"面板中自动生成"图层3"，如图3—9所示。

图3—8

图3—12

图3—9

（6）选择"钢笔工具"将房子的轮廓勾勒出来，保持选择钢笔工具在轮廓范围内单击鼠标右键执行"建立选区"命令，如图3—10所示，再执行"复制"和"粘贴"命令，将去除背景的房子部分建立单独图层，如图3—11所示，将原素材图所在图层删除，完成效果如图3—12所示。

提示：

抽出滤镜可以方便地将图像上某一个对象从周围的环境中抽离出来。

在抽出面板的左边是工具条。放置了可以使用的各种工具。中间是抽出对象的图像，右边是抽出工具的选项。

"油漆桶工具"的作用是确定抽出对象的主体。

"橡皮擦工具"可以对"高光边缘器"工具设定的边缘以及"油漆桶工具"填充的内容进行修改。

在"抽出"对话框的右边包含了"工具选项"、"抽出"和"预览"三个设置部分。

"工具选项"可以对画笔的大小、高光的颜色、填充的颜色等进行设置。

图3—10

（7）选择"图层"面板中的"添加矢量蒙版"按钮，选择"画笔工具"按钮，单击"前景色"按钮设置前景色，其颜色的具体设置为"黑色"，在"图层3"中进行绘制，效果如图3—13所示。

图 3-13

提示：

在蒙版中填充黑色为遮盖图像部分，白色则为显示图像部分，利用该性质可制作变换自然逼真的虚幻图像效果。

（8）选择"钢笔工具" 🖊 按钮和"转换点工具"按钮，单击"前景色" 🔳 按钮设置前景色，其颜色的具体设置为"C：84、M：20、Y：24、K：26"，按"Alt+Backspace"快捷键完成前景色填充，如图 3-14 所示，搭配绘制图形如图 3-15 所示。完成绘制，"图层"面板自动生成"形状 1"，如图 3-16 所示。

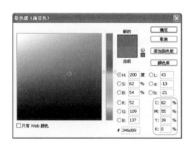

图 3-14

图 3-15

图 3-16

（9）执行"文件"→"打开"→"光盘"→"素材"→"ch03"→"004.psd"，如图 3-17 所示，选择"选择工具" ▶ 按钮，将素材"004.psd"复制至文件中，"图层"面板中自动生成"图层 4"，如图 3-18 所示，完成效果如图 3-19 所示。

图 3-17　　　　　　图 3-18

图 3-19

（10）选择"图层"面板中的"添加矢量蒙版" 🔲 按钮，选择"画笔工具" 🖌 按钮，单击"前景色" 🔳 按钮设置前景色，其颜色的具体设置为"黑色"，在"图层 4"中进行绘制，选择"图层"面板中的"设置图层混合模式"，选择"明度"，如图 3-20 所示，效果如图 3-21 所示，绘制效果如图 3-22 所示。

图 3-20

图 3—21

图 3—22

(11) 按住"Ctrl"键并单击"形状 1"建立选区, 选择"图层"面板中"创建新图层" 按钮, 新建"图层 5", 单击"前景色" 按钮设置前景色, 其颜色的具体设置为"黑色", 按"Alt+Backspace"快捷键完成前景色填充, 如图 3—23 所示。选择"图层"面板中的"添加矢量蒙版" 按钮, 选择"画笔工具" 按钮, 单击"前景色" 按钮设置前景色, 其颜色的具体设置为"黑色", 在"图层 4"中进行绘制, 如图 3—24 所示, 完成效果如图 3—25 所示。

图 3—23

图 3—24

图 3—25

(12) 选择"图层"面板中"创建新图层" 按钮, 新建"图层 6", 选择"钢笔工具" 按钮和"转换点工具" 按钮, 单击"前景色" 按钮设置前景色, 颜色的具体设置为"黑色" 如图 3—26 所示进行绘制。选择"图层"面板中的"添加矢量蒙版" 按钮, 选择"画笔工具" 按钮, 单击"前景色" 按钮设置前景色, 其颜色的具体设置为"黑色", 在"图层 6"中进行绘制, 完成效果如图 3—27 所示。

图 3—26

图 3—27

(13) 选择"图层"面板中"创建新图层" 按钮, 新建"图层 7", 选择"钢笔工具" 按钮和"转换点工具" 按钮, 单击"前景色" 按钮设置前景色, 其颜色的具体设置为"黑色" 在"图层 7"中进行绘制, 如图 3—28 所示, 不透明度为"77%", 完成效果如图 3—29 所示。

图 3—28

图 3—29

(14) 选择“图层”面板中“创建新图层”按钮，新建“图层 8”，选择“钢笔工具”按钮和“转换点工具”按钮，单击“前景色”按钮设置前景色，其颜色的具体设置为“C：93、M：77、Y：64、K：39”，按“Alt+Backspace”快捷键完成前景色填充，如图 3—30 所示，选择“减淡工具”按钮，属性设置为，在“图层 8”中进行绘制，如图 3—31 所示，效果如图 3—32 所示。

图 3—30

图 3—31

图 3—32

(15) 选择“画笔工具”按钮，单击“前景色”按钮设置前景色，其颜色的具体设置为“C：82、M：55、Y：39、K：0”，如图 3—33 所示，在“图层 8”中进行绘制，如图 3—34 所示。

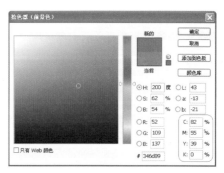

图 3—33

图 3—34

(16) 选择“图层”面板中“创建新图层”按钮，新建“图层 9”，选择“多边形套索工具”按钮，属性设置为，单击“前景色”按钮设置前景色，其颜色的具体设置为“C：19、M：14、Y：87、K：0”，如图 3—35 所示，按“Alt+Backspace”快捷键完成前景色填充，如图 3—36 所示。

(17) 执行“文件”→“打开”→“光盘”→“素材”→“ch03”→“005.psd”，如图 3—37 所示，

选择"选择工具" 按钮，将素材"005.psd"拖拽至文件中，"图层"面板中自动生成"图层10"，如图3-38所示。

图 3-35

图 3-36

图 3-37

图 3-38

(18) 选择"图层"面板中的"添加矢量蒙版" 按钮，选择"画笔工具" 按钮，单击"前景色" 按钮设置前景色，其颜色的具体设置为"黑色"，在"图层10"中进行绘制，如图3-39所示。选择"图层"面板中的"图层样式"，选择"正片叠底"，完成效果如图3-40所示。

图 3-39

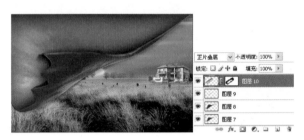

图 3-40

(19) 选择"直线工具" 按钮，属性设置为 粗细: 5px 。单击"前景色" 按钮设置前景色，其颜色的具体设置为"C：19、M：14、Y：87、K：0"，如图3-41所示，绘制如图3-42所示的直线。

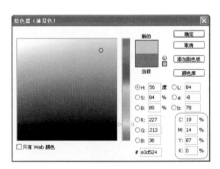

图 3-41

图 3-42

(20) 选择"横排文字工具" T.按钮，单击"前景色" ■按钮设置前景色，其颜色的具体设置为"C：19、M：14、Y：87、K：0"，如图 3-43 所示。字体设置为"黑体"，大小设置为"48 点"，如图 3-44 所示，完成效果如图 3-45 所示。

图 3-43

图 3-44

图 3-45

(21) 选择"横排文字工具" T.按钮，单击"前景色" ■按钮设置前景色，其颜色的具体设置为"白色"，字体设置为"黑体"，大小设置为"14 点"，如图 3-46 所示，完成效果如图 3-47 所示。

图 3-46

图 3-47

(22) 选择"矩形选框工具" ▢按钮，选择"图层"面板中"创建新图层" ▣按钮，新建"图层11"，单击"前景色" ■按钮设置前景色，其颜色的具体设置为"C：47、M：100、Y：100、K：18"，如图 3-48 所示，按"Alt+Backspace"快捷键完成前景色填充，完成效果如图 3-49 所示。

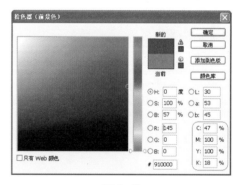

图 3-48

图 3-49

(23) 选择"直线工具" \按钮，属性设置为 粗细：5 px ▢▢▢▢▢ 。单击"前景色" ■按钮设置前景色，其颜色的具体设置为"C：47、M：100、Y：100、K：18"，如图 3-50 所示，绘制如图 3-51 所示。

图 3—50

图 3—54

图 3—51

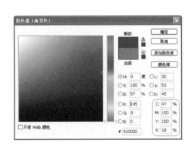

图 3—55

(26) 选择"直排文字工具" ⬛ 按钮，单击"前景色" ⬛ 按钮设置前景色，其颜色的具体设置为"C：47、M：100、Y：100、K：18"，如图 3—56 所示，字体设置为"华文楷体"，大小设置为"8点"，如图 3—57 所示，完成效果如图 3—58 所示。

(24) 选择"直排文字工具" ⬛ 按钮，单击"前景色" ⬛ 按钮设置前景色，其颜色的具体设置为"白色"，字体设置为"华文楷体"，大小设置为"30点"，如图 3—52 所示，完成效果如图 3—53 所示。

图 3—52

图 3—56

图 3—53

(25) 选择"矩形选框工具" ⬛ 按钮，选择"图层"面板中"创建新图层" ⬛ 按钮，新建"图层12"，如图 3—54 所示，单击"前景色" ⬛ 按钮设置前景色，其颜色的具体设置为"白色"，按"Alt+Backspace"快捷键完成前景色填充，完成效果如图 3—55 所示。

图 3—57

图 3—58

3.1.3 案例小结

本案例主要特点为颜色的搭配和运用，使用虚幻的背景效果加上多个图层的叠加，表现出强烈的现代舒适的居住环境，配合颜色突出了草坪、环境和房子，使草坪在整个作品中显得尤为突出，整幅作品都以彩色图像构成，平衡了整体色彩，给人舒适、放松的视觉感受。

3.2 饮料广告

饮料广告的主题比较好控制，如本节案例中所示，矿泉水的广告首选蓝色为主题颜色，仅通过一个简单的包装占据整幅作品的大部分篇幅就可以达到宣传的目的。

案例最终效果图：

◎ 制作时间：40 分钟

◎ 知识重点：导入图片、透明度、钢笔工具、横排文字工具、直排文字工具、添加矢量蒙版、自由变换的应用

◎ 学习难度：★★

3.2.1 案例分析

本案例色彩统一，整体风格干净清澈，充分体现了宣传产品的特点。

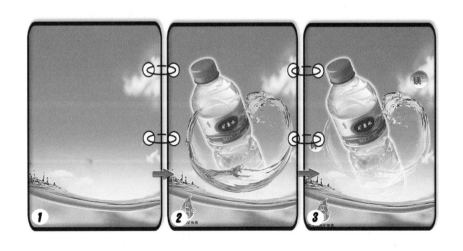

3.2.2 实例操作

（1）执行"文件"→"新建"命令，在如图 3-59 所示的"新建"对话框中，在名称①处输入文件名称，②处分别设置文件宽度为"1900"像素，高度为"2900"像素，分辨率为"300"像素／英寸，颜色模式设为"RGB"模式，背景内容设置为"白色"，单击③处"确定"按钮。

图 3-59

提示：

文件名称可根据个人的习惯和要求进行自定义的设置。

设置文件大小的默认单位一般为"像素"，也可更改为"cm"、"mm"等。

（2）执行"文件"→"打开"→"光盘"→"素材"→"ch03"→"006.psd"，如图 3-60 所示。

图 3-60

提示：

打开已有素材文件时，可直接在 Photoshop 界面的空白处双击，快速打开"打开文件"对话框。

（3）选择"选择工具"按钮，将素材"006.psd"复制至文件中，"图层"面板中自动生成"图层 1"，如图 3-61 所示。选中"图层 1"，按下"自由变换"快捷键"Ctrl+T"调整图像大小，完成自由变换后的效果如图 3-62 所示。

图 3-61

图 3-62

（4）执行"文件"→"打开"→"光盘"→"素材"→"ch03"→"007.psd"，如图 3-63 所示。

图 3-63

（5）选择"选择工具"按钮，将素材"007.psd"复制至文件中，"图层"面板中自动生成"图层 2"，如图 3-64 所示。选中"图层 2"，按下"自由变换"快捷键"Ctrl+T"调整图像大小，完成自由变换后的效果如图 3—65 所示。

图 3—64

图 3—65

(6) 执行"文件"→"打开"→"光盘"→"素材"→"ch03"→"008.psd"，如图 3—66 所示。

图 3—66

(7) 选择"选择工具" 按钮，将素材"008.psd"复制至文件中，"图层"面板中自动生成"图层 3"，如图 3—67 所示。选中"图层 3"，按下"自由变换"快捷键"Ctrl+T"调整图像大小，完成自由变换后的效果如图 3—68 所示。

(8) 选中"图层 3"，在"图层"面板单击"添加图层样式" 按钮，"图层样式"对话框设置为：

勾选"投影"，混合模式为"正常"，颜色设置为"白色"，角度设置为"120"，勾选"使用全局光"，距离为"0"，扩展为"34"，大小为"57"，如图 3—69 所示，完成效果如图 3—70 所示。

图 3—67

图 3—68

图 3—69

图 3—70

(9) 在"图层"面板中将"图层3"拖拽至"图层1"和"图层2"之间,如图3-71所示,完成效果如图3-72所示。

图 3-71

图 3-72

(10) 执行"文件"→"打开"→"光盘"→"素材"→"ch03"→"009.psd",如图3-73所示。

纯净水加矿物质

图 3-73

(11) 选择"选择工具"按钮,将素材"009.psd"拖拽至文件中,"图层"面板中自动生成"图层4",如图3-74所示。选中"图层4",按下"自由变换"快捷键"Ctrl+T"调整图像大小,完成自由变换后的效果如图3-75所示。

图 3-74

图 3-75

(12) 执行"文件"→"打开"→"光盘"→"素材"→"ch03"→"010.psd",如图3-76所示。

图 3-76

(13) 选择"选择工具"按钮,将素材"010.psd"复制至文件中,"图层"面板中自动生成"图层5",如图3-77所示。选中"图层5",按下"自由变换"快捷键"Ctrl+T"调整图像大小,完成自由变换后的效果如图3-78所示。

图 3-77

图 3-78

（14）选中"图层5"，在"图层"面板上将图层的混合模式设置为"变亮"，如图3-79所示，完成效果如图3-80所示。

图3-79　　　　　图3-80

（15）右击"图层5"，在弹出的快捷菜单中选择"复制图层"命令，如图3-81所示。"图层"面板中自动生成"图层5副本"，如图3-82所示。

图3-81

图3-82

（16）选择"图层"面板中的"添加矢量蒙版" 按钮，选择"矩形选框工具" 按钮，单击"前景色" 按钮设置前景色，其颜色的具体设置为"黑色"，按"Alt+Backspace"快捷键完成前景色填充，

在"图层5副本"中添加的图层蒙版中进行填充。选择"椭圆选框工具" 按钮，属性设置为 ，单击"前景色" 按钮设置前景色，其颜色的具体设置为"白色"，按"Alt+Backspace"快捷键完成前景色填充，如图3-83所示，完成效果如图3-84所示。

图3-83

图3-84

（17）执行"文件"→"打开"→"光盘"→"素材"→"ch03"→"011.psd，如图3-85所示。

图3-85

（18）选择"选择工具" 按钮，将素材"011.psd"复制至文件中，"图层"面板中自动生成"图层6"，如图3-86所示。选中"图层6"，按下"自由变换"快捷键"Ctrl+T"调整图像大小，完成自由变换后的效果如图3-87所示。

M：77、Y：8、K：0″，如图3—91所示，不透明度为
″100％″，如图3—92所示，完成效果如图3—93所示。

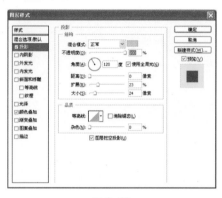

图3—86　　　　　　　　图3—87

图3—90

（19）选择″横排文字工具″T按钮，输入文字
″镁″，单击前景色″█″按钮设置前景色，其颜色的具
体设置为″白色″，字体设置为″黑体″，大小设置
为″14点″，如图3—88所示。

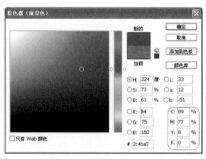

图3—91

图3—88

（20）选中″文字图层″，在″图层″面板上单
击″添加图层样式″fx按钮，″图层样式″对话框设
置为：勾选″投影″，混合模式为″正常″，颜色设
置为″C：55、M：3、Y：5、K：0″，如图3—89所
示，角度设置为″120″，勾选″使用全局光″，距
离为″0″，扩展为″23″，大小为″24″，如图3—90
所示。

图3—92

图3—89

（21）″图层样式″对话框设置为：勾选″颜色
叠加″，混合模式为″正常″，颜色设置为″C：89、

图3—93

(22) 选择"图层6"复制，"图层"面板中自动生成"图层6副本"，如图3-94所示。按下"自由变换"快捷键"Ctrl+T"调整图像大小，完成自由变换后的效果如图3-95所示。

图3-94　　　　　　　图3-95

(23) 选择"横排文字工具" T. 按钮，输入文字"钾"，单击前景色 ■ 按钮设置前景色，其颜色的具体设置为"白色"，字体设置为"黑体"，大小设置为"14点"。选中"文字图层"，在"图层"面板上单击"添加图层样式" fx. 按钮，"图层样式"设置为：勾选"投影"，混合模式为"正常"，颜色设置为"C: 55、M: 3、Y: 5、K: 0"，如图3-96所示，角度设置为"120"，勾选"使用全局光"，距离为"0"，扩展为"23"，大小为"24"，如图3-97所示。

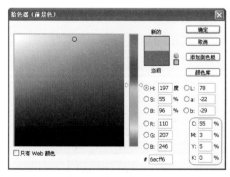

图3-96

(24) "图层样式"对话框设置为：勾选"颜色叠加"，混合模式为"正常"，颜色设置为"C: 89、M: 77、Y: 8、K: 0"，如图3-98所示，不透明度为"100%"如图3-99所示，完成效果如图3-100所示。

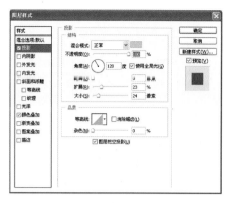

图3-97

图3-98

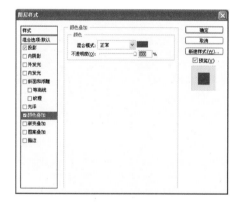

图3-99

图3-100

3.2.3　案例小节

　　本案例主要特点为颜色纯净，使用虚幻的背景效果加上多个图层的叠加，表现出纯净健康的水质，再配合背景进一步突出了水的纯净，使水在整个作品中显得尤为突出，平衡了整体色彩，给人天然、纯净的视觉感受。

3.3　科技产品广告

　　本案例为科技产品的广告合成，区别于科技产品的固定模式，本案例没有选择代表科技色彩的蓝色，而是选用了粉色系，但最终效果并没有对广告造成任何不良的影响，反而更加吸引消费者的注意力，同时也突出了该款科技产品在外观上的特别之处。

　　案例最终效果图：

　　◎　制作时间：50 分钟

　　◎　知识重点：导入图片、钢笔工具、添加矢
　　　　　　　　　量蒙版、自由变换的应用

　　◎　学习难度：★★★

3.3.1　案例分析

　　本案例选用与产品相近的颜色为背景颜色，配合绚丽的灯光效果，更加突出产品的特点。

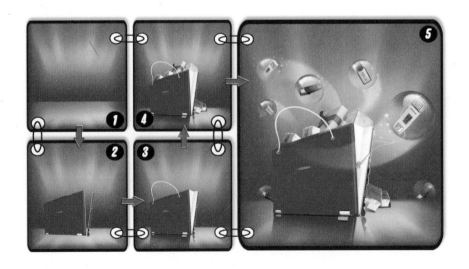

3.3.2 实例操作

（1）执行"文件"→"新建"命令，在如图 3-101 所示的"新建"对话框中进行设置，在名称①处输入文件名称，②处分别设置文件宽度为"1200"像素，高度为"1300"像素，分辨率为"300"像素／英寸，颜色模式设为"RGB"模式，背景内容设置为"白色"，单击③处"确定"按钮。

图 3-101

（2）选择"新建图层"■按钮，新建"图层 1"，单击"渐变工具"■按钮，选择"径向渐变"，渐变颜色设置为"C：30、M：90、Y：13、K：0"，如图 3-102 所示；"C：61、M：100、Y：53、K：14"，如图 3-103 所示，选中"图层 1"填充渐变，完成效果如图 3-104 所示。

图 3-102

图 3-103

图 3-104

（3）执行"文件"→"打开"→"光盘"→"素材"→"ch03"→"012.psd"，如图 3-105 所示。

图 3-105

（4）选择"选择工具"■按钮，将素材"012.psd"复制至文件中，"图层"面板中自动生成"图层 2"，如图 3-106 所示。选中"图层 2"，按下"自由变换"快捷键"Ctrl+T"调整图像大小，完成自由变换后的效果如图 3-107 所示。

图 3-106

图 3-107

(5) 选中"图层2",单击"图层"面板中的"添加矢量蒙版" 按钮,选择"渐变工具" 按钮进行绘制,如图3-108所示,完成效果如图3-109所示。

图 3-108

图 3-109

(6) 执行"文件"→"打开"→"光盘"→"素材"→"ch03"→"013.psd",如图 3-110 所示。

图 3-110

(7) 选择"选择工具" 按钮,将素材"013.psd"复制至文件中,"图层"面板中自动生成"图层3",如图3-111所示。选中"图层3",按下"自由变换"快捷键"Ctrl+T"调整图像大小,完成自由变换后的效果如图3-112所示。

图 3-111

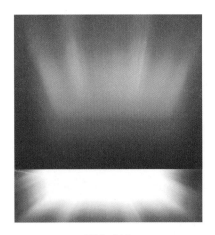

图 3-112

(8) 选中"图层3",单击"图层"面板中的"添加矢量蒙版" 按钮,选择"渐变工具" 按钮进行绘制,如图3-113所示,完成效果如图3-114所示。

(9) 执行"文件"→"打开"→"光盘"→"素材"→"ch03"→"014.psd",如图 3-115 所示。

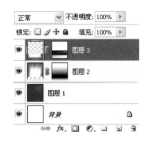

图 3-113

图 3-114

图 3-115

提示：

打开已有素材文件时，可直接在Photoshop界面的空白处双击，快速打开"打开文件"对话框。

(10) 选择"选择工具" 按钮，将素材"014.psd"复制至文件中，"图层"面板中自动生成"图

层4"，如图3-116所示。选中"图层4"，按下"自由变换"快捷键"Ctrl+T"调整图像大小，完成自由变换后的效果如图3-117所示。

图 3-116

图 3-117

(11) 按"Ctrl"键并用鼠标单击"图层4"建立选区，单击"前景色" 按钮设置前景色，其颜色的具体设置为"黑色"。单击"新建图层" 按钮，新建"图层5"，按"Alt+Backspace"快捷键填充。选中"图层5"，单击"图层"面板中的"添加矢量蒙版" 按钮，选择"渐变工具" 按钮进行绘制，如图3-118所示，完成效果如图3-119所示。

图 3-118

图 3-119

提示：

注意在"图层"面板中将"图层5"拖放至"图层4"之下。

（12）右击"图层4"，复制"图层4"，"图层"面板中自动生成"图层4副本"，按"Ctrl"键并用鼠标单击"图层4副本"，单击"前景色"■按钮设置前景色，其颜色的具体设置为"黑色"，选中"图层4副本"，单击"图层"面板中的"添加矢量蒙版" ■ 按钮，如图3-120所示，完成效果如图3-121所示。

图 3-120

图 3-121

（13）执行"文件"→"打开"→"光盘"→"素材"→"ch03"→"015.psd"，如图3-122所示。

图 3-122

（14）选择"选择工具"按钮，将素材"015.psd"复制至文件中，"图层"面板中自动生成"图层6"，如图3-123所示。选中"图层6"，按下"自由变换"快捷键"Ctrl+T"调整图像大小，完成自由变换后的效果如图3-124所示。

图 3-123

图 3-124

（15）右击"图层6"，复制"图层6"，"图层"

面板中自动生成"图层6副本"，按Ctrl键并用鼠标单击"图层6副本"建立选区，单击"前景色" ■ 按钮设置前景色，其颜色的具体设置为"黑色"。选中"图层6副本"，单击"图层"面板中的"添加矢量蒙版" ◻ 按钮，如图3-125所示，完成效果如图3-126所示。

图3-128

图3-125

图3-126

(16) 选择"钢笔工具" ✎ 按钮，绘制如图3-127所示图形，"图层"面板中自动生成"形状1"，如图3-128所示。

图3-127

(17) 选择"椭圆选框工具" ◯ 按钮，按住"Shift"键用鼠标推拽绘制正圆形，如图3-129所示。单击"新建图层"按钮，新建"图层7"，选中"图层7"，执行"编辑"→"描边"命令弹出"描边"对话框，在对话框中进行设置，宽度为"1"，颜色为"白色"，如图3-130所示，完成效果如图3-131所示。

图3-129

图3-130

图3-131

(18) 右击"图层7",复制"图层7","图层"面板中自动生成"图层7副本",如图3-132所示。选择"选择工具" 按钮,复制至如图3-133所示的位置。

图 3-132

图 3-133

(19) 选择"钢笔工具" 按钮,绘制如图3-134所示图形,"图层"面板中自动生成"形状1"。

图 3-134

(20) 执行"文件"→"打开"→"光盘"→"素材"→"ch03"→"016.psd",如图3-135所示。

图 3-135

(21) 选择"选择工具" 按钮,将素材"016.psd"复制至文件中,"图层"面板中自动生成"图层8",如图3-136所示。选中"图层8",按下"自由变换"快捷键"Ctrl+T"调整图像大小,完成自由变换后的效果如图3-137所示。

图 3-136

图 3-137

提示：

注意在"图层"面板中将"图层8"拖放至"图层7"之下。

(22) 执行"文件"→"打开"→"光盘"→"素材"→"ch03"→"017.psd",如图3-138所示。

图 3-138

(23) 选择"选择工具" 按钮，将素材"017.psd"复制至文件中，"图层"面板中自动生成"图层9"，如图 3-139 所示。选中"图层9"，按下"自由变换"快捷键"Ctrl+T"调整图像大小，完成自由变换后的效果如图 3-140 所示。

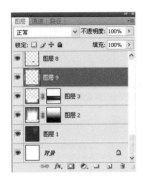

图 3-139

图 3-140

提示：

注意在"图层"面板中将"图层9"拖放至"图层8"之下。

(24) 执行"文件"→"打开"→"光盘"→"素材"→"ch03"→"018.psd"，如图 3-141 所示。

图 3-141

(25) 选择"选择工具" 按钮，将素材"018.psd"复制至文件中，"图层"面板中自动生成"图层10"，如图 3-142 所示。选中"图层10"，按下"自由变换"快捷键"Ctrl+T"调整图像大小，完成自由变换后的效果如图 3-143 所示。

图 3-142

图 3-143

提示：

注意在"图层"面板中将"图层10"拖放置"图层7"之下。

（26）右击"图层9"，复制"图层9"，"图层"面板中自动生成"图层9副本"，如图3-144所示，按"自由变换"快捷键"Ctrl+T"调整图像大小，完成自由变换后的效果如图3-145所示。

图3-144

图3-145

（27）执行"文件"→"打开"→"光盘"→"素材"→"ch03"→"019.psd"，如图3-146所示。

图3-146

（28）选择"选择工具" 按钮，将素材"019.psd"复制至文件中，"图层"面板中自动生成"图层10"，如图3-147所示。选中"图层10"，按下

"自由变换"快捷键"Ctrl+T"调整图像大小，完成自由变换后的效果如图3-148所示。

图3-147

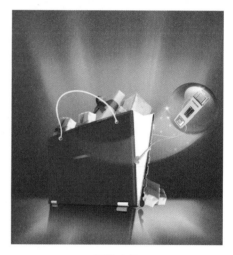

图3-148

（29）执行"文件"→"打开"→"光盘"→"素材"→"ch03"→"020.psd"，如图3-149所示。

图3-149

（30）选择"选择工具" 按钮，将素材"020.psd"复制至文件中，"图层"面板中自动生成"图层11"，如图3-150所示。选中"图层11"，按下"自由变换"快捷键"Ctrl+T"调整图像大小，完成自由变换后的效果如图3-151所示。

（31）执行"文件"→"打开"→"光盘"→"素材"→"ch03"→"021.psd"，如图3-152所示。

图 3—150

图 3—151

图 3—152

（32）选择"选择工具" 按钮，将素材"021.psd"复制至文件中，"图层"面板中自动生成"图层 12"，如图 3—153 所示。选中"图层 12"，按下"自由变换"快捷键"Ctrl+T"调整图像大小，完成自由变换后的效果如图 3—154 所示。

图 3—153

（33）执行"文件"→"打开"→"光盘"→"素材"→"ch03"→"022.psd"，如图 3—155 所示。

图 3—154

图 3—155

（34）选择"选择工具" 按钮，将素材"022.psd"复制至文件中，"图层"面板中自动生成"图层 13"，如图 3—156 所示。选中"图层 13"，按下"自由变换"快捷键"Ctrl+T"调整图像大小，完成自由变换后的效果如图 3—157 所示。

图 3—156

图 3—157

（35）执行"文件"→"打开"→"光盘"→
"素材"→"ch03"→"023.psd"，如图3-158所示。

图 3-158

（36）选择"选择工具" 按钮，将素材"023.
psd"复制至文件中，"图层"面板中自动生成"图
层14"，如图3-159所示。选中"图层14"，按下
"自由变换"快捷键"Ctrl+T"调整图像大小，完成
自由变换后的效果如图3-160所示。

图 3-159

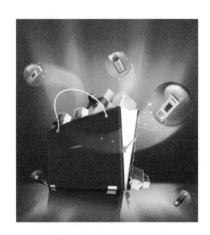

图 3-160

（37）执行"文件"→"打开"→"光盘"→
"素材"→"ch03"→"024.psd"，如图3-161所示。

图 3-161

（38）选择"选择工具" 按钮，将素材"024.
psd"复制至文件中，"图层"面板中自动生成"图
层15"，如图3-162所示。选中"图层15"，按下
"自由变换"快捷键"Ctrl+T"调整图像大小，完成
自由变换后的效果如图3-163所示。

图 3-162

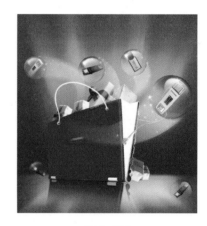

图 3-163

（39）执行"文件"→"打开"→"光盘"→
"素材"→"ch03"→"025.psd"，如图3-164所示。

图 3-164

（40）选择"选择工具" 按钮，将素材"025.
psd"复制至文件中，"图层"面板中自动生成"图
层16"，如图3-165所示。选中"图层16"，按下
"自由变换"快捷键"Ctrl+T"调整图像大小，完成
自由变换后的效果如图3-166所示。

（41）建立新图层"图层17"，选择"钢笔工具"
按钮，绘制图层8和图层9的阴影效果并执行"填
充路径"，填充颜色为黑色，选中"图层17"，单击
"图层"面板中的"添加矢量蒙版" 按钮，如图
3-167所示，完成效果如图3-168所示。

图 3-165

图 3-167

图 3-166

图 3-168

3.3.3 案例小结

　　本案例主要特点为颜色绚丽，使用虚幻的背景效果加上多个图层的叠加，表现各种商品，配合背景突出了礼品，使商品在整个作品中显得尤为突出，平衡了整体色彩，给人华丽、时尚的视觉感受。

3.4　公益广告

　　顾名思义，公益广告合成的概念就是将两幅或几幅效果单一、表现能力有限的图像经过Photoshop CS4 的强大功能的处理，巧妙地拼合成一幅属于公益广告的新作品。
　　案例最终效果图：

◎　　制作时间：10 分钟

◎　　知识重点：导入图片、钢笔工具、添加图
　　　　　　　　层样式、自由变换的应用

◎　　学习难度：★

3.4.1 案例分析

本实例色彩清新，整体风格具有现代感，通过基本图像的多种特效处理，使图像赋予了健康、轻松。

3.4.2 实例操作

（1）执行"文件"→"新建"命令，在如图3-169所示的"新建"对话框中，在名称①处输入文件名称，②处分别设置文件宽度为"3000"像素，高度为"1400"像素，分辨率为"300"像素／英寸，颜色模式设为"RGB"模式，背景内容设置为"白色"，单击③处"确定"按钮。

图3-169

提示：

文件名称可根据个人的习惯和要求进行自定义的设置。

设置文件大小的默认单位一般为"像素"，也可更改为"cm"、"mm"等。

（2）选择"新建图层"按钮，新建"图层1"，选择"渐变工具"按钮，选择"线性渐变"按钮，渐变颜色设置为"C：74、M：25、Y：100、K：0"（如图3-170所示）和"C：28、M：0、Y：50、K：0"（如图3-171所示），选中"图层1"填充渐变，完成效果如图3-172所示。

（3）单击"文件"→"打开"→"光盘"→"素材"→"ch03"→"026.psd"，如图3-173所示。

（4）单击"选择工具"按钮，将素材"026.psd"复制至文件中，"图层"面板中自动生成"图层2"，如图3-174所示。选中"图层2"，按下"自由变换"快捷键"Ctrl+T"调整图像大小，完成自由变换后的效果如图 3—175 所示。

图 3—170

图 3—171

图 3—172

图 3—173

图 3—174

图 3—175

提示：

打开已有素材文件时，可直接在 Photoshop 界面的空白处双击，快速打开"打开文件"对话框。

（5）选择"钢笔工具" ✎ 按钮和"转换点工具" ⌐ 按钮，绘制如图 3—176 所示图形，按住"Shift"键并用鼠标单击"形状 1"建立选区。选择"新建图层" ⬚ 按钮，新建"图层 3"，单击"前景色" ▣ 按钮设置前景色，其颜色的具体设置为"白色"，在"图层"面板中调整不透明度，设置为"20%"。将图层混合模式设置为"正片叠底"，如图 3—177 所示。选择"添加图层样式" fx. 按钮，样式设置为"外发光"，混合模式为"滤色"，方法为"柔和"，扩展为"0"，大小为"128"，如图 3—178 所示。

图 3—176

图 3—177

图 3-178

（6）选择"钢笔工具" 按钮和"转换点工具" 按钮，绘制如图 3-179 所示图形，按住"Shift"键并用鼠标单击"形状 1"建立选区。选择"新建图层" 按钮，新建"图层 4"，单击"前景色" 按钮设置前景色，其颜色的具体设置为"白色"，在"图层"面板中调整不透明度，设置为"20%"。设置图层混合模式为"正片叠底"，如图 3-180 所示。选择"添加图层样式" 按钮，样式设置为"外发光"，混合模式为"滤色"，方法为"柔和"，扩展为"0"，大小为"128"，如图 3-181 所示。

图 3-179

图 3-180

图 3-181

（7）选择"钢笔工具" 按钮和"转换点工具" 按钮，绘制如图 3-182 所示图形，按住"Shift"键并用鼠标单击"形状 1"建立选区。选择"新建图层" 按钮，新建"图层 5"，单击"前景色" 按钮设置前景色，其颜色的具体设置为"白色"，在"图层"面板中调整不透明度，设置为"20%"，设置图层混合模式为"正片叠底"，如图 3-183 所示。选择"添加图层样式" 按钮，样式设置为"外发光"，混合模式为"滤色"，方法为"柔和"，扩展为"0"，大小为"128"，如图 3-184 所示。

图 3-182

图 3-183

图 3-184

（8）执行"文件"→"打开"→"光盘"→"素材"→"ch03"→"027.psd"，如图 3-185 所示。

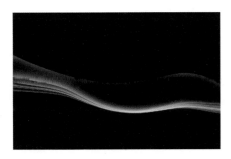

图 3—185

（9）单击"选择工具" 按钮，将素材"027.
psd"复制至文件中，"图层"面板中自动生成"图
层 6"，如图 3—186 所示。选中"图层 6"，按下"自
由变换"快捷键"Ctrl+T"调整图像大小，完成自
由变换后的效果如图 3—187 所示。

图 3—186

图 3—187

提示：

这个效果的制作和步骤（6）类似，这里采
用图片导入的方法。

（10）执行"文件"→"打开"→"光盘"→
"素材"→"ch03"→"028.psd"，如图 3—188 所示。

图 3—188

（11）单击"选择工具" 按钮，将素材"028.
psd"复制至文件中，"图层"面板中自动生成"图
层 7"，如图 3—189 所示。选中"图层 7"，按下"自
由变换"快捷键"Ctrl+T"调整图像大小，完成自
由变换后的效果如图 3—190 所示。

图 3—189

图 3—190

（12）执行"文件"→"打开"→"光盘"→
"素材"→"ch03"→"029.psd"，如图 3—191 所示。

（13）单击"选择工具" 按钮，将素材"029.
psd"复制至文件中，"图层"面板中自动生成"图
层 8"，效果如图 3—192 所示。选中"图层 8"，按

下"自由变换"快捷键"Ctrl+T"调整图像大小，完成自由变换后的效果如图3-193所示。

图3-192

图3-191

图3-193

3.4.3　案例小结

本案例主要特点为健康自然，使用虚幻的背景效果加上多个图层的叠加，表现出纯净的颜色，配合背景突出了自然的颜色，使自然在整个作品中显得尤为突出，平衡了整体色彩，给人健康、舒适的视觉感受。

3.5　化妆品广告

顾名思义，化妆品广告合成的概念就是将两幅或几幅效果单一、表现能力有限的图像经过Photoshop CS4的强大功能的处理，巧妙地拼合成一幅属于化妆品广告的新作品。

案例最终效果图：

◎　制作时间：10分钟

◎　知识重点：导入图片、钢笔工具、添加图层样式、自由变换的应用

◎　学习难度：★

3.5.1 案例分析

本实例色彩温柔，整体风格具有现代感，通过基本图像的多种特效处理，使图像赋予了靓丽、温柔。

3.5.2 实例操作

(1) 执行"文件"→"新建"命令，在如图 3−194 所示的"新建"对话框中，在名称①处输入文件名称，②处分别设置文件宽度为"4000"像素，高度为"4000"像素，分辨率为"300"像素／英寸，颜色模式设为"RGB"模式，背景内容设置为"白色"，单击③处"确定"按钮。

图 3−194

提示：

文件名称可根据个人的习惯和要求进行自定义的设置。

设置文件大小的默认单位一般为"像素"，也可更改为"cm"、"mm"等。

(2) 选中"背景图层"，选择"渐变工具" 按钮，选择"径向渐变" 按钮，渐变颜色设置为"白色"、"C：14、M：59、Y：35、K：0"，如图 3−195 所示，选中"图层 1"填充渐变，完成效果如图 3−196 所示。

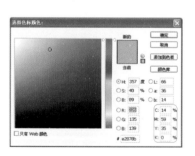

图 3−195

图 3−196

（3）执行″文件″→″打开″→″光盘″→″素材″→″ch03″→″030.psd″，如图3-197所示。

图3-197

（4）单击″选择工具″ 按钮，将素材″030.psd″复制至文件中，″图层″面板中自动生成″图层1″，如图3-198所示。选中″图层1″，按下″自由变换″快捷键″Ctrl+T″调整图像大小，完成自由变换后的效果如图3-199所示。

图3-198

图3-199

（5）选中″图层1″，选择″图层″面板中的″添加矢量蒙版″ 按钮，选择″渐变工具″ 按钮进行填充，如图3-200所示，完成效果如图3-201所示。

图3-200

图3-201

（6）执行″文件″→″打开″→″光盘″→″素材″→″ch03″→″031.psd″，如图3-202所示。

图3-202

（7）单击″选择工具″ 按钮，将素材″031.psd″复制至文件中，″图层″面板中自动生成″图层2″，如图3-203所示。选中″图层2″，按下″自由变换"快捷键"Ctrl+T"调整图像大小，完成自由变换后的效果如图3-204所示。

图3-203

图3-204

提示：

步骤（6）、（7）的效果，可以采用"画笔工具"制作，这里我们采用导入素材。

（8）选中"图层2"，选择"图层"面板中的"添加矢量蒙版"按钮，选择"渐变工具"按钮进行填充，如图3-205所示，完成效果如图3-206所示。

图3-205

图3-206

（9）选择"钢笔工具"按钮和"转换点工具"按钮，绘制如图3-207所示图形，按住"Shift"键并用鼠标单击"形状1"建立选区。单击"前景色"按钮设置前景色，其颜色的具体设置为"白色"，在"图层"面板中调整不透明度为"30%"，图层混合模式设置为"正常"，如图3-208所示。选择"添加图层样式"按钮，样式设置为"外发光"，混合模式为"滤色"，方法为"柔和"，扩展为"0"，大小为"128"，如图3-209所示。

图3-207

图3-208

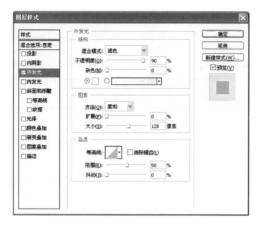

图 3-209

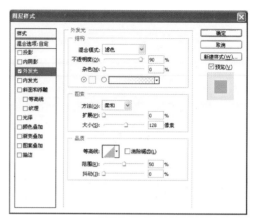

图 3-212

（10）选择"钢笔工具" 按钮和"转换点工具" 按钮，绘制如图 3-210 所示图形，按住"Shift"键并用鼠标单击"形状 2"建立选区。单击"前景色" 按钮设置前景色，其颜色的具体设置为"白色"，在"图层"面板中调整不透明度为"30%"，图层混合模式设置为"正常"，如图 3-211 所示。选择"添加图层样式" 按钮，样式设置为"外发光"，混合模式为"滤色"，方法为"柔和"，扩展为"0"，大小为"128"，如图 3-212 所示。

（11）选择"钢笔工具" 按钮和"转换点工具" 按钮，绘制如图 3-213 所示图形，按住"Shift"键并用鼠标单击"形状 3"建立选区。单击"前景色" 按钮设置前景色，其颜色的具体设置为"白色"，在"图层"面板中调整不透明度为"30%"，图层混合模式设置为"正常"，如图 3-214 所示。选择"添加图层样式" 按钮，样式设置为"外发光"，混合模式为"滤色"，方法为"柔和"，扩展为"0"，大小为"128"，如图 3-215 所示。

图 3-210

图 3-213

图 3-211

图 3-214

图 3-215

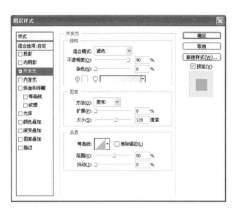

图 3-218

（12）选择"钢笔工具" 按钮和"转换点工具" 按钮，绘制如图 3-216 所示图形，按住"Shift"键并用鼠标单击"形状 4"建立选区。单击"前景色" 按钮设置前景色，其颜色的具体设置为"白色"，在"图层"面板中调整不透明度为"30%"，图层混合模式设置为"正常"，如图 3-217 所示。选择"添加图层样式" 按钮，样式设置为"外发光"，混合模式为"滤色"，方法为"柔和"，扩展为"0"，大小为"128"，如图 3-218 所示。

（13）执行"文件"→"打开"→"光盘"→"素材"→"ch03"→"032.psd"，如图 3-219 所示。

图 3-219

图 3-216

（14）单击"选择工具" 按钮，将素材"032.psd"复制至文件中，"图层"面板中自动生成"图层 3"，如图 3-220 所示。选中"图层 3"，按下"自由变换"快捷键"Ctrl+T"调整图像大小，完成自由变换后的效果如图 3-221 所示。

图 3-217

图 3-220

图 3-221

(15) 执行"文件"→"打开"→"光盘"→"素材"→"ch03"→"033.psd",如图 3-222 所示。

图 3-222

(16) 单击"选择工具"按钮,将素材"033.psd"复制至文件中,"图层"面板中自动生成"图层 4",如图 3-223 所示。选中"图层 4",按下"自由变换"快捷键"Ctrl+T"调整图像大小,完成自由变换后的效果如图 3-224 所示。

图 3-223

图 3-224

(17) 右击"图层 4",复制"图层 4","图层"面板中自动生成"图层 4 副本",如图 3-225 所示,按下"自由变换"快捷键"Ctrl+T"调整图像大小,完成效果如图 3-226 所示。

图 3-225

图 3-226

提示:

将"图层 4 副本"拖放至"图层 4"下面。

第 4 章　创意图像合成

4.1　花纹图案效果

　　顾名思义，创意图像合成的概念就是将两幅或几幅效果单一、表现能力有限的图像经过Photoshop CS4 的强大功能的处理，巧妙地拼合成一幅构思巧妙的新作品。

　　案例最终效果图：

◎　制作时间：40 分钟

◎　知识重点：导入图像、羽化、剪贴蒙版的应用

◎　学习难度：★★☆

4.1.1　案例分析

　　本案例色彩鲜艳，整体风格轻松活泼，通过基本图像的多种特效处理，使图像赋予强烈的视觉冲击，充满了生机和活力。

　　主要制作流程：

4.1.2　实例操作

（1）执行"文件"→"新建"命令，如图4—1所示，在如图4—2所示的"新建"对话框中，在名称①处输入文件名称，②处分别设置文件宽度为"4000"像素，高度为"4000"像素，分辨率为"300"像素／英寸，颜色模式设为"RGB"模式，背景内容设置为"白色"，单击③处"确定"按钮。

图4—1

图4—2

提示：

文件名称可根据个人的习惯和要求进行自定义的设置。

设置文件大小的默认单位一般为"像素"，也可更改为"cm"、"mm"等。

（2）在"图层"面板单击"新建图层"按钮，建立"图层1"，如图4—3所示。

图4—3

（3）单击"前景色"按钮设置前景色，其颜色的具体设置为"C：9，M：7，Y：7，K：0"，如图4—4所示，并按"Alt＋Backspace"快捷键完成前景色的填充，如图4—5所示。

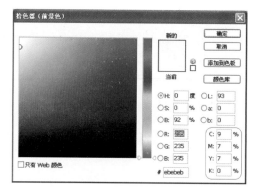

图4—4

图4—5

（4）选择"图层"面板中的"添加蒙版"按钮，如图4—6所示，选择"渐变工具"，设置渐变颜色的属性栏如图4—7所示，在添加的蒙版中填充渐变颜色，如图4—8所示。

图4-6

图4-7

图4-8

提示:

在蒙版中，填充黑色为遮盖图像部分，白色则为显示图像部分，利用该性质可制作变换自然、逼真的虚幻图像效果。

(5)执行"文件"→"打开"→"光盘"→"素材"→"ch04"→"001.jpg"，如图4-9所示。

图4-9

(6)选择"钢笔工具" ，设置钢笔属性为

， 根据素材图片提供的花的轮廓绘制路径，如图4-10所示。

图4-10

提示:

在利用"钢笔工具"勾勒图像轮廓时，可利用"Alt"键取消在绘制过程中出现的一端调节柄，方便下面的绘制过程中对曲线弧度的准确掌握。

(7)在路径处单击鼠标右键，执行"建立选区"命令，将路径转化为选区，如图4-11所示，弹出对话框后设置"羽化半径"的数值为"0"像素，如图4-12所示，单击"确定"按钮后效果如图4-13所示。

图4-11

图 4—12

图 4—13

图 4—15

（9）执行菜单栏中"图像"→"调整"→"色彩平衡"命令，如图 4—16 所示，弹出"色彩平衡"对话框，设置具体数值分别为"+10、—100、+38"，如图 4—17 所示，单击"确定"按钮完成色彩平衡设置，调整后的效果如图 4—18 所示。

（8）执行菜单栏中"选择"→"反向"命令，如图 4—14 所示，按"Delete"键删除选区选中的部分，如图 4—15 所示。

图 4—16

图 4—14

图 4—17

图 4-21

（12）选择〝减淡工具〞 ，其属性栏设置为

，执行菜单栏中〝选择〞

→〝反向〞命令，然后利用〝减淡工具〞减淡选区
内的部分，如图 4-22 所示。

图 4-18

（10）选择〝椭圆选框工具〞 ，按住〝Shift〞键
绘制一个正圆形选区，如图 4-19 所示。

图 4-19

（11）执行菜单栏中的〝选择〞 → 〝修改〞 →
〝羽化〞命令，如图 4-20 所示，在弹出对话框中设
置〝羽化半径〞的值为〝40〞像素，如图 4-21 所示。

图 4-22

（13）在〝图层〞面板中设置〝不透明度〞为
 ，然后执行〝文件〞 → 〝储存〞命令，快
捷键为〝Ctrl+S〞，弹出如图 4-23 所示对话框，设
置文件格式为〝TIFF〞，单击〝确定〞按钮，在弹出
的〝TIFF 选项〞对话框中，勾选〝存储透明度〞复
选框，如图 4-24 所示，单击〝确定〞按钮。

图 4-20

图 4-23

图 4—24

（14）执行〝文件〞→〝打开〞→〝光盘〞→
〝素材〞→〝ch04〞→〝002.tiff〞，单击〝移动〞
按钮，将图片002.tiff复制至文件中，自动生成〝图
层2〞，如图4—25所示。

图 4—25

（15）在〝图层〞面板中选中〝图层2〞，然后
单击鼠标右键，选择〝复制〞命令，生成〝图层2
副本〞，如图4—26所示。按〝Ctrl+T〞快捷键执行
自由变换命令，再按住〝Shift〞键调整〝图层2副
本〞图形的大小，如图4—27所示。

图 4—26

图 4—27

（16）执行〝文件〞→〝打开〞→〝光盘〞→
〝素材〞→〝ch04〞→〝003.tiff〞，单击〝移动〞
按钮，将图片〝003.tiff〞复制至文件中，自动生成
〝图层3〞，如图4—28所示。按〝Ctrl+T〞快捷键执
行自由变换，调整〝图层3〞，如图4—29所示。

图 4—28

图 4—29

（17）执行〝文件〞→〝打开〞→〝光盘〞→
〝素材〞→〝ch04〞→〝004.tiff〞，单击〝移动〞
按钮，将图片〝004.tiff〞复制至文件中，自动生成
〝图层4〞，按〝Ctrl+T〞快捷键执行自由变换，调整
〝图层4〞，如图4—30所示。

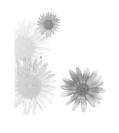

图 4-32

图 4-30

（20）执行"文件"→"打开"→"光盘"→"素材"→"ch04"→"007.tiff"和"008～013.tiff"，单击"移动" 按钮，将图片"007.tiff"复制至文件中，自动生成"图层 7"，将图片"008～013.tiff"拖拽至文件中，自动生成"图层 8"，按"Ctrl+T"快捷键执行自由变换，调整"图层 7"和"图层 8"，如图 4-33 所示。

提示：

打开已有素材文件时，可直接在 Photoshop 界面的空白处双击，快速打开"打开文件"对话框。

（18）执行"文件"→"打开"→"光盘"→"素材"→"ch04"→"005.tiff"，单击"移动" 按钮，将图片"005.tiff"复制至文件中，自动生成"图层 5"，按"Ctrl+T"快捷键执行自由变换，调整"图层 5"，如图 4-31 所示。

图 4-33

（21）执行"文件"→"打开"→"光盘"→"素材"→"ch04"→"014～017.tiff"，单击"移动" 按钮，将图片"014～017.tiff"拖拽至文件中，自动生成"图层 9"，按"Ctrl+T"快捷键执行自由变换，调整"图层 9"，如图 4-34 所示。

（22）在"图层"面板中选择 创建新工作组"组 1"，如图 4-35 所示，按"Ctrl"键选中"图层 2"至"图层 9"，将选中图层移动到"组 1"中。

图 4-31

（19）执行"文件"→"打开"→"光盘"→"素材"→"ch04"→"006.tiff"，单击"移动" 按钮，将图片"006.tiff"复制至文件中，自动生成"图层 6"，按"Ctrl+T"快捷键执行自由变换，调整"图层 6"，如图 4-32 所示。

（23）选择"横排文字工具" ，设置字体、文字大小和属性为 分别输入文字，并适当调整部分文字的大小，如图 4-36 所示。

图4-34

图4-35

图4-36

图4-37

图4-38

（26）按住"Shift"键的同时选中"图层10"和"图层10副本"，将两个图层放置在"IMAGETODAY"文字图层的上面，在"图层"面板单击鼠标右键选择"创建剪贴蒙版"，如图4-39所示，创建后效果如图4-40所示。

提示：

单击"文字工具"后，在画布单击鼠标右键输入文字时，"图层"面板自动生成文字图层，不需要提前建立新图层。

（24）执行"文件"→"打开"→"光盘"→"素材"→"ch04"→"018.tiff"，单击"移动"按钮，将图片"018.tiff"拖拽至文件中，自动生成"图层10"，按"Ctrl+T"快捷键执行自由变换，调整"图层10"，如图4-37所示。

（25）在"图层"面板选中"图层10"，单击鼠标右键，将"图层10"复制，生成"图层10副本"，选中"图层10副本"，按"Ctrl+T"快捷键将其进行自由变换，如图4-38所示。

图4-39

图4-40

（27）在"图层"面板选择 创建新工作组"组2"，按"Ctrl"键选中"图层10"和"图层10副本"，将选中图层移动到"组2"中，如图4-41所示。

（28）执行"文件"→"打开"→"光盘"→"素材"→"ch04"→"019.tiff"，单击"移动"按钮，将图片"019.tiff"拖拽至文件中，自动生成新图层，按"Ctrl+T"快捷键将该图层进行自由变换，调整图层，如图4-42所示。

图 4-41

图 4-42

(29) 在"图层"面板选中上述步骤建立的图层,单击"图层样式" fx 按钮,在弹出的对话框中设置图层样式,选择"投影",设置混合模式为"正常",角度为"120度",距离为"69"像素,扩展为"0",大小为"5"像素,如图 4-43 所示,然后单击"确定"按钮,效果如图 4-44 所示。

图 4-43

(30) 执行"文件"→"打开"→"光盘"→"素材"→"ch04"→"020.tiff",单击"移动" ⊕

按钮,将图片"020.tiff"拖拽至文件中,自动生成新图层,按"Ctrl+T"快捷键将其自由变换,调整图层,如图 4-45 所示。

图 4-44

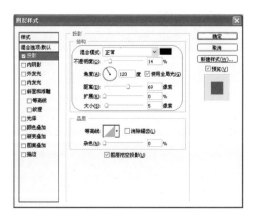

图 4-45

(31) 执行"文件"→"打开"→"光盘"→"素材"→"ch04"→"021.tiff",单击"移动" ⊕ 按钮,将图片"4-021.tiff"拖拽至文件中,自动生成新图层,按"Ctrl+T"快捷键执行自由变换,调整图层,如图 4-46 所示。

图 4-46

（32）在"图层"面板选中上述步骤建立的图层，单击"图层样式" fx 按钮，设置图层样式，选择"投影"，设置混合模式为"正常"，角度为"120度"，距离为"69"像素，扩展为"0"，大小为"5"像素，如图4-47所示，然后单击"确定"按钮，效果如图4-48所示。

（33）执行"文件"→"打开"→"光盘"→"素材"→"ch04"→"022.tiff"，单击"移动" 按钮，将图片"022.tiff"拖拽至文件中，自动生成新图层，按"Ctrl+T"快捷键执行自由变换，调整图层，如图4-49所示。

图4-49

（34）执行"文件"→"打开"→"光盘"→"素材"→"ch04"→"023.tiff"，单击"移动" 按钮，将图片"023.tiff"拖拽至文件中，自动生成新图层，按"Ctrl+T"快捷键执行自由变换，调整以上绘制和导入的所有图层，完成最终的绘制，效果如图4-50所示。

图4-47

图4-48

图4-50

4.1.3 案例小结

本案例主要特点为颜色的搭配和运用，使用虚幻的透明效果加上多个图层的叠加，表现出背景花丛的装饰效果，配合颜色突出的蝴蝶和图层样式的运用，使蝴蝶在整个作品中显得尤为突出，若整幅作品都以彩色图像构成难免会显得杂乱，而这幅作品中的梅花装饰和部分蝴蝶则采用了黑白效果，平衡了整体色彩，给人舒服的视觉感受。

4.2　矢量效果图案

本节案例以矢量图的效果呈现，突出了颜色的强烈对比。
案例最终效果图：

◎　　制作时间：40 分钟

◎　　知识重点：导入图像、钢笔工具、图层
样式，添加图层蒙版

◎　　学习难度：★★

4.2.1　案例分析

本案例色彩鲜艳，整体风格轻松活泼，通过基本图像的多种特效处理，使图像赋予强烈的视觉
冲击，充满了生机和活力。
主要制作流程：

4.2.2 实例操作

（1）执行"文件"→"新建"命令，在如图4-51所示的"新建"对话框中，在名称①处输入文件名称，②处分别设置文件宽度为"4000"像素，高度为"2600"像素，分辨率为"300"像素／厘米，颜色模式设为"RGB"模式，背景内容设置为"白色"，单击③处"确定"按钮。

图4-51

提示：

文件名称可根据个人的习惯和要求进行自定义的设置。

设置文件大小的默认单位一般为"像素"，也可更改为"cm"、"mm"等。

（2）选择"椭圆选框工具"○按钮，按"Shift"键并用鼠标拖拽绘制正圆形选区，单击"前景色"■按钮设置前景色，其颜色的具体设置为"C：0、M：85、Y：76、K：0"，如图4-52所示，选择图层面板中的"新建图层"□按钮，新建"图层1"，按"Alt+Backspace"快捷键填充，如图4-53所示。

图4-52

图4-53

（3）选择"椭圆选框工具"○按钮，按"Shift"键并用鼠标拖拽绘制正圆形选区，单击"前景色"■按钮设置前景色，其颜色的具体设置为"白色"，选择"图层"面板中的"新建图层"□按钮，新建"图层2"，按"Alt+Backspace"填充，如图4-54所示。

图4-54

（4）选择"椭圆选框工具"○按钮，按"Shift"键并用鼠标拖拽绘制正圆形选区，单击"前景色"■按钮设置前景色，其颜色的具体设置为"C：0、M：85、Y：76、K：0"，如图4-55所示，选择图层面板中的"新建图层"□按钮，新建"图层3"，按"Alt+Backspace"快捷键填充，如图4-56所示。

图4-55

图4-56

（5）选择"椭圆选框工具" ⊙按钮，按"Shift"键并用鼠标拖拽绘制正圆形选区，单击"前景色" ■按钮设置前景色，其颜色的具体设置为"白色"，选择"图层"面板中的"新建图层" ⃞按钮，新建"图层4"，按"Alt+Backspace"快捷键填充，如图4-57所示。

图4-57

（6）选择"椭圆选框工具" ⊙按钮，按"Shift"键并用鼠标拖拽绘制正圆形选区，单击"前景色" ■按钮设置前景色，其颜色的具体设置为"C：0、M：85、Y：76、K：0"，如图4-58所示，选择"图层"面板中的"新建图层" ⃞按钮，新建"图层5"，按"Alt+Backspace"快捷键填充，如图4-59所示。

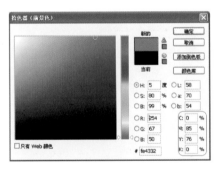

图4-58

图4-59

（7）选择"椭圆选框工具" ⊙按钮，按"Shift"键并用鼠标拖拽绘制正圆形选区，单击"前景色" ■按钮设置前景色，其颜色的具体设置为"白色"，

选择"图层"面板中的"新建图层" ⃞按钮，新建"图层6"，按"Alt+Backspace"快捷键填充，如图4-60所示。

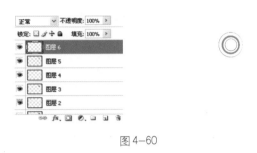

图4-60

（8）选择"椭圆选框工具" ⊙按钮，按"Shift"键并用鼠标拖拽绘制正圆形选区，单击"前景色" ■按钮设置前景色，其颜色的具体设置为"C：0、M：85、Y：76、K：0"，如图4-61所示，选择"图层"面板中的"新建图层" ⃞按钮，新建"图层7"，按"Alt+Backspace"快捷键填充，如图4-62所示。

图4-61

图4-62

（9）选择"椭圆选框工具" ⊙按钮，按"Shift"键并用鼠标拖拽绘制正圆形选区，单击"前景色" ■按钮设置前景色，其颜色的具体设置为"白色"，选择"图层"面板中的"新建图层" ⃞按钮，新建"图层8"，按"Alt+Backspace"快捷键填充，如图4-63所示。

图4-63

图4-67

（10）选择"图层"面板中的"新建组" 按钮，新建"组1"，选中"图层1"至"图层8"推拽至"组1"中，如图4-64所示。

图4-64

（11）选中"组1"，右键单击"组1"，选择"复制组"，"图层"面板中自动生成"组1副本，"如图4-65所示，按下"自由变换"快捷键"Ctrl+T"自由变换调节大小，单击"前景色" 按钮设置前景色，其颜色的具体设置为"C：89、M：72、Y：0、K：0"，如图4-66所示，将"图层1副本"、"图层3副本"、"图层5副本"、"图层7副本"的颜色换成蓝色，如图4-67所示。

提示：

变换图层颜色具体步骤：

（1）按住Ctrl键并用鼠标单击"图层1副本"建立选区。

（2）单击"前景色" 按钮设置前景色，其颜色的具体设置为"C：89、M：72、Y：0、K：0"，如下图所示。

（3）按"Alt+Backspace"快捷键完成前景色填充。

图4-65

（12）选择"钢笔工具" 按钮，配合"点转换工具" 按钮进行绘制，单击"前景色" 按钮设置前景色，其颜色的具体设置为"C：89、M：72、Y：0、K：0"，如图4-68所示，绘制如图4-69所示图形，"图层"面板中自动生成"形状1"。

图4-66

图4-68

图4-69

（13）复制"形状1"，"图层"面板中自动生成
"形状1副本"，按下"自由变换"快捷键"Ctrl+T"
自由变换调节大小，其颜色的具体设置为"C：68、
M：7、Y：0、K：0"，如图4-70所示，绘制如图
4-71所示图形。

图4-70

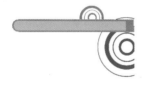

图4-71

（14）复制"形状1"，"图层"面板中自动生成
"形状1副本2"，其颜色的具体设置为"白色"，绘
制如图4-72所示图形。

图4-72

（15）复制"形状1"，"图层"面板中自动生成
"形状1副本3"，其颜色的具体设置为"白色"，绘
制如图4-73所示图形。

图4-73

（16）选择"图层"面板中的"新建组"按钮，
新建"组2"，选中"形状1"至"形状1副本3"拖
拽至"组2"，如图4-74所示。

图4-74

提示：

将"组2"放置于"背景"图层和"组1"
之间。

（17）复制"组2"，"图层"面板中自动生成"组
2副本"，删除"组2副本"中的"形状1副本6"和
"形状1副本7"，如图4-75所示，完成效果如图
4-76所示。

图4-75

图 4—76

图 4—80

(18) 复制"组 2 副本","图层"面板中自动生成"组 2 副本 2",如图 4—77 所示,将"形状 1 副本 6"颜色设置为"C：72、M：51、Y：0、K：0",如图 4—78 所示,将"形状 1 副本 7"颜色设置为"C：91、M：74、Y：0、K：0",如图 4—79 所示,完成效果如图 4—80 所示。

(19) 选择"钢笔工具"按钮,配合"点转换工具"按钮进行绘制,单击"前景色"按钮设置前景色,其颜色的具体设置为"C：89、M：72、Y：0、K：0",如图 4—81 所示,绘制如图 4—82 所示图形,"图层"面板中自动生成"形状 2"和"形状 3"。

图 4—77

图 4—81

图 4—78

图 4—82

(20) 选择"钢笔工具"按钮,配合"点转换工具"按钮进行绘制,单击"前景色"按钮设置前景色,其颜色的具体设置为"白色",绘制图形,"图层"面板中自动生成"形状 4",复制"形状 4",生成"形状 4 副本",再次复制"形状 4"生成"形状 4 副本 2",如图 4—83 所示。

图 4—79

图 4—83

(21) 选择"图层"面板中的"新建组" ⊒ 按钮，新建"组 3"，选中"形状 2"至"形状 4 副本 2"拖拽至"组 3"，如图 4-84 所示。

图 4-84

(22) 选择"钢笔工具" ⊘.按钮，单击"前景色"█按钮设置前景色，其颜色的具体设置为"C：89、M：72、Y：0、K：0"，如图 4-85 所示，绘制如图 4-86 所示图形，"图层"面板中自动生成"形状 5"和"形状 6"。

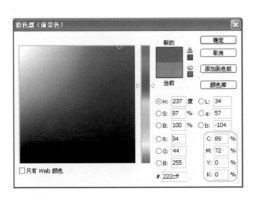

图 4-85

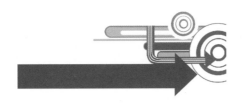

图 4-86

(23) 选择"直线工具" \.按钮，将其属性设置为 粗细 10 px ▢▢✓□ 进行绘制，绘制效果如图 4-87 所示，完成绘制"图层"面板中自动生成"形状 7"、"形状 8"、"形状 9"，如图 4-88 所示。

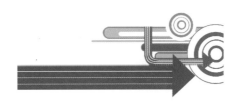

图 4-87

图 4-88

(24) 选择"钢笔工具" ⊘.按钮，单击"前景色"█按钮设置前景色，其颜色的具体设置为"C：6、M：89、Y：0、K：0"，如图 4-89 所示，绘制图形如图 4-90 所示，"图层"面板中自动生成"形状 10"和"形状 11"。

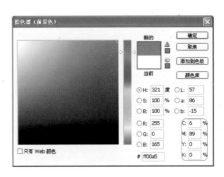

图 4-89

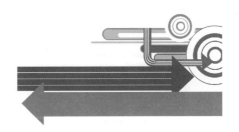

图 4-90

(25) 选择"直线工具" \.按钮，将其属性设置为 粗细 10 px ▢▢✓□ 进行绘制，绘制效果如图 4-91 所示，完成绘制"图层"面板中自动生成"形状12"、"形状13"、"形状14",如图4-92所示。

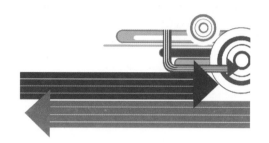

图4-91

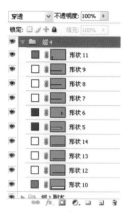

图4-93

图4-92

(27)选择"椭圆选框工具" 按钮,按"Shift"键并用鼠标拖拽绘制正圆形选区,单击"前景色" 按钮设置前景色,其颜色的具体设置为"白色",选择"图层"面板中的"新建图层" 按钮,新建"图层9",如图4-94所示。

提示:

将"形状11"放置于"形状9"之上,将"形状14"、"形状13"、"形状12"、"形状10"按此顺序放置于"形状5"之下。如下图所示。

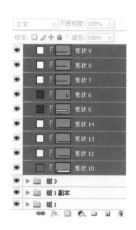

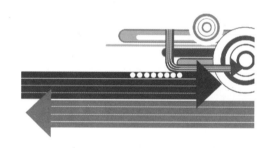

图4-94

(28)复制"图层9","图层"面板中自动生成"图层9副本",复制"图层9","图层"面板中自动生成"图层9副本2",复制"图层9","图层"面板中自动生成"图层9副本3",完成效果如图4-95所示。

(26)选择"图层"面板中的"新建组" 按钮,新建"组4",选中"形状5"至"形状14"拖拽至"组4",如图4-93所示。

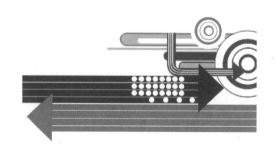

图4-95

提示：

复制好"图层9副本3"，单击"选择工具"按钮将"图层9副本3"拖放至如下图所示位置。

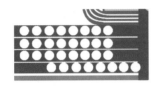

单击"魔棒工具"按钮，选中如下图所示部分图形。

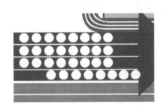

按"Backspace"键将其删除，如下图所示。

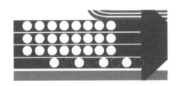

(29) 选择"图层"面板中的"新建组"按钮，新建"组5"，选中"图层9"至"图层9副本3"拖拽至"组5"，如图4-96所示。

图4-96

(30) 单击"钢笔工具"按钮，单击"前景色"按钮设置前景色，其颜色的具体设置为"C：4、M：23、Y：86、K：0"，如图4-97所示，绘制图形如图4-98所示，"图层"面板中自动生成"形状15"和"形状16"。

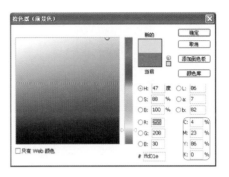

图4-97

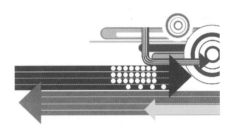

图4-98

(31) 选择"直线工具"按钮，将其属性设置为进行绘制，绘制效果如图4-99所示，完成绘制"图层"面板中自动生成"形状17"、"形状18"、"形状19"，如图4-100所示。

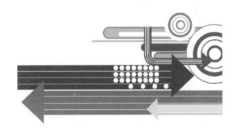

图4-99

图4-100

(32) 选中"组3"中的图层复制，生成"形状2副本"、"形状3副本"、"形状4副本3"、"形状4

副本 4"、"形状 4 副本 5"、"形状 2 副本"和"形状 3 副本"颜色的具体设置为"C：58、M：80、Y：0、K：0"，如图 4—101 所示，完成效果如图 4—102 所示。

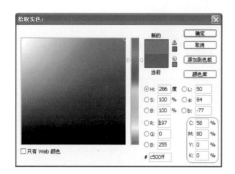

图 4—101

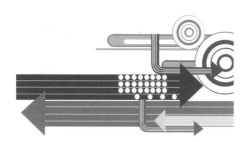

图 4—102

(33) 选择"图层"面板中的"新建组"按钮，新建"组 6"，选中"形状 2 副本"至"形状 3 副本"拖拽至"组 6"，如图 4—103 所示。

图 4—103

提示：

图层顺序要按照图 4-103 排放。

(34) 选择"钢笔工具"按钮，配合"点转换工具"按钮进行绘制，单击"前景色"按钮设置前景色，其颜色的具体设置为"C：0、M：85、Y：76、K：0"，如图 4—104 所示，绘制如图 4—105 所示图形，"图层"面板中自动生成"形状 20"和"形状 21"。

图 4—104

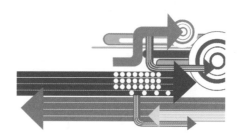

图 4—105

(35) 选择"钢笔工具"按钮，配合"点转换工具"按钮进行绘制，单击"前景色"按钮设置前景色，其颜色的具体设置为"白色"，绘制图形，"图层"面板中自动生成"形状 22"、"形状 23"、"形状 24"、"形状 25"、"形状 26"，绘制图形如图 4—106 所示，完成效果如图 4—107 所示。

图 4—106

(36) 按"Ctrl"键并用鼠标单击选中"形状 22"、"形状 23"、"形状 24"、"形状 25"、"形状 26"，右键合并图层，如图 4—108 所示。

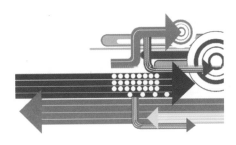

图4-107

图4-108

(37) 按"Ctrl"键并用鼠标单击选中"形状22
副本"、"形状23副本"、"形状24副本"、"形状25
副本"、"形状26副本",右键合并图层,如图4-109
所示,完成效果如图4-110所示。

图4-109

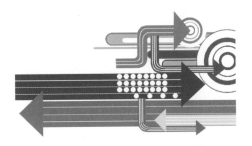

图4-110

(38) 选择"横排文字工具"，设置字体、大
小和属性分别为 Myriad Pro ∨ Regular ∨ T 54.01 点 aa 浑厚，输入文
字,并适当调整部分文字的大小,如图4-111所示。

 IMAGETODAY
Design source

图4-111

(39) 执行"文件"→"打开"→"光盘"→
"素材"→"ch04"→"018.tiff",单击"移动"按
钮,将图片"018.tiff"拖拽至文件中,自动生成"图
层13",按"Ctrl+T"快捷键自由变换,调整"图层
13",如图4-112所示。

图4-112

(40) 按住"Shift"键并用鼠标单击"图层10"
和"图层13",将两个图层放置在"IMAGETODAY"
文字图层的上面,在"图层"面板单击鼠标右键选
择"创建剪贴蒙版",如图4-113所示,创建后效
果如图4-114所示。

图4-113

图4-114

127

(41) 执行"文件"→"打开"→"光盘"→"素材"→"ch04"→"024.psd",单击"移动" ![移动图标] 按钮,将图片"024.psd"拖拽至文件中,自动生成新图层,按"Ctrl+T"自由变换,调整以上绘制和导入的所有图层,选择"编辑"→"描边"命令,在弹出的"描边"对话框中进行设置,如图4—115所示,完成最终的绘制,效果如图4—116所示。

(42) 选择"添加图层样式" ![fx图标] 按钮,设置图层样式属性如图4—117所示,完成效果如图4—118所示。

图4—115

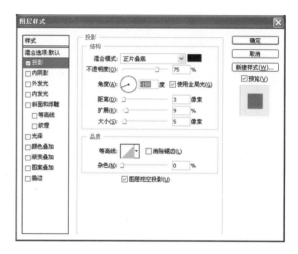

图4—117

图4—116

图4—118

4.2.3　案例小结

本案例主要特点为颜色的搭配和运用,以表现出背景的缤纷色彩,再配合颜色突出的人物,使人物在整个作品中显得尤为突出,这幅作品中人物的装饰和背景部分采用了绚丽的色彩,平衡了整体色彩,给人绚丽的视觉感受。

4.3　音乐主题效果图案

本案例把简单的吉他与音乐巧妙地结合起来，背景的流线图案如同流动的音符围绕在吉他周围，整体效果既简单又不显得空洞。

案例最终效果图

◎　制作时间：20 分钟

◎　知识重点：导入图像、钢笔工具、图层样式、添加图层蒙版、滤镜

◎　学习难度：★★

4.3.1　案例分析

本案例色彩亮丽，整体风格轻松活泼，通过基本图像的多种特效处理，使图像赋予强烈的视觉冲击，充满了艺术的气息。

主要制作流程：

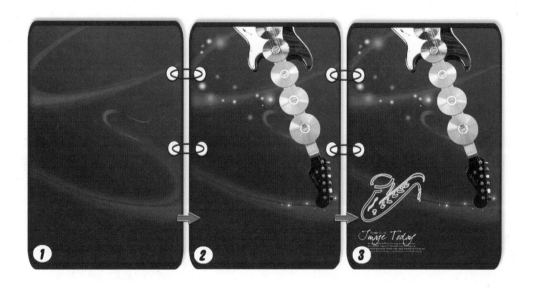

4.3.2 实例操作

(1) 执行"文件"→"新建"命令,在如图
4-119 所示的"新建"对话框中,在名称①处输入
文件名称,②处分别设置文件宽度为"2600"像素,
高度为"4000"像素,分辨率为"300"像素/英
寸,颜色模式设为"RGB"模式,背景内容设置为
"白色",单击③处"确定"按钮。

图 4-119

> **提示:**
>
> 文件名称可根据个人的习惯和要求进行自
> 定义的设置。
>
> 设置文件大小的默认单位一般为"像素",
> 也可更改为"cm"、"mm"等。

(2) 选中"背景图层",选择"渐变工具" 按
钮,单击"前景色" 按钮设置前景色,其颜色的具
体设置为"C:100、M:100、Y:62、K:37",如
图 4-120 所示,单击"背景色" 按钮设置背景色,
其颜色的具体设置为"C:95、M:89、Y:0、K:0",
如图 4-121 所示,渐变的属性设置如图 4-122 所
示,完成效果如图 4-123 所示。

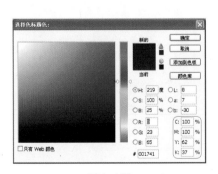

图 4-120

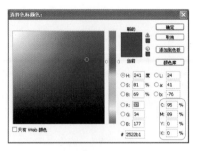

图 4-121

图 4-122

图 4-123

(3) 选择"钢笔工具" 按钮,配合 "点转
换工具" 按钮进行绘制,绘制如图 4-124 所示的
路径。

图 4-124

（4）在路径处单击鼠标右键，执行"建立选区"命令，将路径转化为选区，如图4-125所示，弹出"建立选区"对话框，在对话框中进行设置，如图4-126所示。

图4-125

图4-126

（5）选择"图层"面板中的"新建图层" 按钮，新建"图层1"，选择"渐变工具" 按钮，单击"前景色" 按钮设置前景色，其颜色的具体设置为"C：96、M：83、Y：0、K：0"，如图4-127所示，单击"背景色" 按钮设置背景色，其颜色的具体设置为"C：100、M：99、Y：43、K：1"，如图4-128所示，渐变的属性设置如图4-129所示，完成效果如图4-130所示。

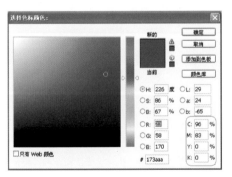

图4-127

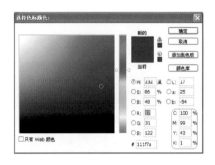

图4-128

图4-129

图4-130

（6）选择"钢笔工具" 按钮，配合"点转换工具" 按钮进行绘制，绘制如图4-131所示图形。

图4-131

（7）在路径处单击鼠标右键，执行"建立选区"

命令，将路径转化为选区，如图4-132所示，弹出"建立选区"对话框，在对话框中进行设置，如图4-133所示。

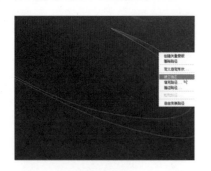

图4-132

图4-133

(8) 选择"图层"面板中的"新建图层" 按钮，新建"图层2"，单击"前景色" 按钮设置前景色，其颜色的具体设置为"C：96、M：83、Y：0、K：0"，如图4-134所示，绘制图形，选中"图层2"，按"Alt+Backspace"快捷键填充，如图4-135所示。

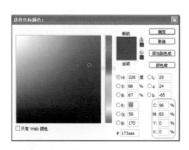

图4-134

图4-135

(9) 将图层不透明度设为"25%"，如图4-136所示。

图4-136

(10) 选择"选择"→"修改"→"收缩"命令，如图4-137所示，弹出"收缩选区"对话框，在对话框中进行设置，如图4-138所示，完成效果如图4-139所示。

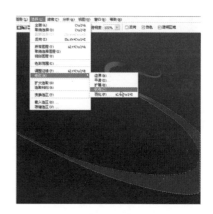

图4-137

图4-138

图4-139

(11) 选择"图层"面板中的"新建图层" 按钮，新建"图层3"，单击"前景色" 按钮设置前景色，其颜色的具体设置为"C：95、M：89、Y：0、K：0"，如图4-140所示，绘制图形，选中"图层3"，按"Alt+Backspace"快捷键填充，在选区处单击鼠标右键，执行"建立工作路径"命令，将选区转化为路径，如图4-141所示，在弹出的"建立工作路径"对话框中进行设置，如图4-142所示。

图4-140

图4-141

图4-142

（12）选择"路径选择工具" 按钮，按下"自由变换"快捷键"Ctrl+T"自由变换调节大小，如图4-143所示。

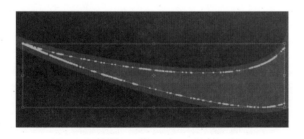

图4-143

（13）重复上述步骤，选择"路径选择工具" 按钮，按下"自由变换"快捷键"Ctrl+T"自由变换调节大小，如图4-144所示。

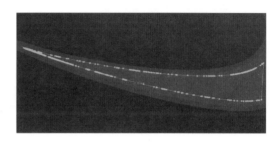

图4-144

（14）在路径处单击鼠标右键，执行"建立选区"命令，将路径转化为选区，如图4-145所示，弹出"建立选区"对话框，在对话框中进行设置，如图4-146所示。

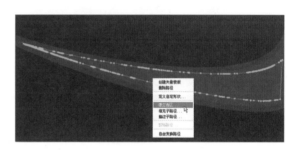

图4-145

图4-146

（15）选择"图层"面板中的"新建图层" 按钮，新建"图层4"，单击"前景色" 按钮设置前景色，其颜色的具体设置为"C：95、M：89、Y：0、K：0"，如图4-147所示，绘制图形，选中"图层4"，按"Alt+Backspace"快捷键填充，图层不透明度设置为"30%"，如图4-148所示，完成效果如图4-149所示。

（16）选中"图层2"，按"Ctrl"键并用鼠标单击，如图4-150所示，选择"图层"面板中的"添加图层样式" 按钮，在弹出的"图层样式"对话框中进行设置，如图4-151所示，完成效果如图4-152所示。

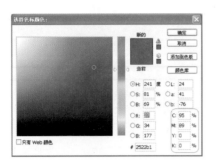

图 4—147

图 4—148

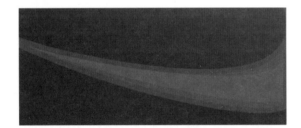

图 4—149

图 4—150

图 4—151

图 4—152

（17）选中"图层4"，选择"滤镜"→"模糊"→"动感模糊"命令，如图4—153所示，在弹出的"动感模糊"对话框中进行设置，如图4—154所示，完成效果如图4—155所示。

图 4—153

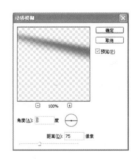

图 4—154

图 4—155

(18) 选择"钢笔工具" 按钮，配合"点转换工具" 按钮进行绘制，绘制如图4-156所示图形。

图 4-156

(19) 在路径处单击鼠标右键，执行"建立选区"命令，将路径转化为选区，如图4-157所示，弹出"建立选区"对话框，在对话框中进行设置，如图4-158所示。

图 4-157

图 4-158

(20) 选择"图层"面板中的"新建图层" 按钮，新建"图层5"，单击"前景色" 按钮设置前景色，其颜色的具体设置为"C：95、M：89、Y：0、K：0"，如图4-159所示，绘制图形。选中"图层5"，按"Alt+Backspace"快捷键填充，将图层不透明度设置为"20%"，如图4-160所示，完成效果如图4-161所示。

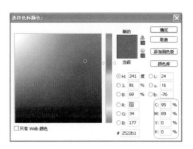

图 4-159

图 4-160

图 4-161

(21) 在选区处单击鼠标右键，执行"变换选区"命令，如图4-162所示，变换选区如图4-163所示，将图层不透明度设置为"30%"，如图4-164所示。

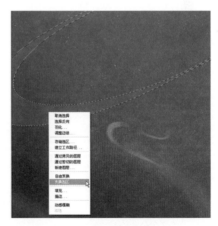

图 4-162

图 4-163

图4—164

（22）选择"图层"面板中的"新建图层"按钮，新建"图层6"，单击"前景色"按钮设置前景色，其颜色的具体设置为"C：95、M：89、Y：0、K：0"，如图4—165所示，绘制图形，选中"图层6"，按"Alt+Backspace"快捷键填充，如图4—166所示。

图4—165

图4—166

（23）在选区处单击鼠标右键，执行"变换选区"命令，如图4—167所示，变换选区如图4—168所示，选择"图层"面板中的"新建图层"按钮，新建"图层7"，将图层不透明度设置为"41％"，如图4—169所示。

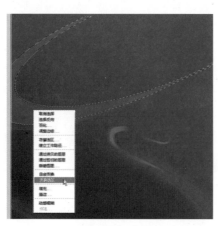

图4—167

图4—168

图4—169

（24）选择"选择"→"修改"→"收缩"命令，如图4—170所示，弹出"收缩选区"对话框，在对话框中进行设置，如图4—171所示。选择"图层"面板中的"新建图层"按钮，新建"图层8"，完成效果如图4—172所示。

图4—170

图4—171

图4—172

（25）选中"图层8，"选择"滤镜"→"模糊"→"高斯模糊"命令，如图4—173所示，在弹出的"高斯模糊"对话框中进行设置，如图4—174所示，完成效果如图4—175所示。

图4-173

图4-177

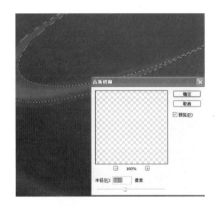

图4-174

(27) 弹出"填充路径"对话框，在对话框中进行设置，如图4-178所示，完成效果如图4-179所示。

图4-178

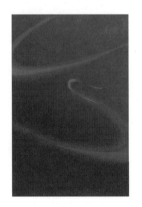

图4-175

图4-179

(26) 选择"多边形工具" 按钮，属性设置为 边: 4 ，其他设置如图4-176所示，右键单击绘制好的图形，选择"填充路径"命令，如图4-177所示。

(28) 选择"椭圆选框工具" 按钮，绘制选区如图4-180所示，选择"选择"→"修改"→"羽化"命令，弹出"羽化选区"对话框，在对话框中进行设置，如图4-181所示。单击"前景色" 按钮设置前景色，其颜色的具体设置为"白色"，按"Alt+Backspace"快捷键完成前景色填充，完成效果如图4-182所示。

(29) 重复步骤 (26)、(27)、(28)，达到如图4-183所示的效果。

图4-176

图 4—180

图 4 181

图 4—182

图 4—183

(30) 执行 "文件" → "打开" → "光盘" →
"素材" → "ch04" → "025.tiff", 单击 "移动"
按钮, 将图片 "025.tiff" 拖拽至文件中, 自动生成
新图层, 按 "Ctrl+T" 快捷键执行自由变换, 调整
以上绘制和导入的所有图层, 完成最终的绘制, 效
果如图 4—184 所示。

图 4—184

(31) 选择 "钢笔工具" 按钮 , 配合 "点转换
工具" 按钮进行绘制, 绘制图形如图 4—185 所示。

图 4—185

(32) 选择 "画笔工具" 按钮 , 属性设置如
图 4—186 所示。

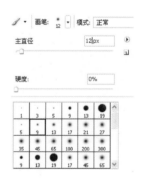

图 4—186

(33) 选择 "钢笔工具" 按钮 , 在路径处单
击鼠标右键, 执行 "描边路径" 命令, 如图 4—187
所示, 弹出 "描边路径" 对话框, 在对话框中进行
设置, 如图 4—188 所示, 完成效果如图 4—189 所示。

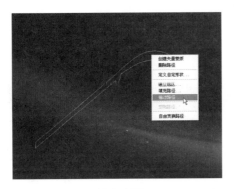

图4—187

图4—188

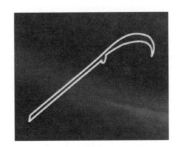

图4—189

弹出的"高斯模糊"对话框中进行设置，如图4—194
所示，完成效果如图4—195所示。

图4—191

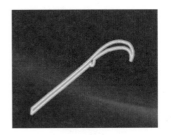

图4—192

图4—193

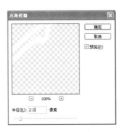

图4—194

（34）选中步骤（33）的图层，按"Ctrl"键并
用鼠标单击，如图4—190所示，选择"图层"面板
中的"添加图层样式" fx 按钮 ，在弹出的"图层
样式"对话框中进行设置，颜色设置为"C：76、
M：25、Y：7、K：0"，如图4—191所示，完成效果
如图4—192所示。

图4—190

（35）选中步骤（33）的图层，选择"滤镜"→
"模糊"→"高斯模糊"命令，如图4—193所示，在

图4—195

提示：

这个图形的其他绘制步骤和以上类似，只是颜色发生了变化，这里给出颜色的数值。

(36) 打开素材"文件"→"打开"→"光盘"→"ch04"→"026.gif"，如图 4−196 所示。

图 4−196

(37) 选择"选择工具" 按钮，将素材"026.gif"拖拽至文件中，"图层"面板中自动生成"图层 9"，选中"图层 9"，按下"自由变换"快捷键"Ctrl+T"，调整图像大小，如图 4−197 所示。

图 4−197

4.3.3 案例小结

本案例主要特点为颜色的搭配和运用，以表现出背景的缤纷色彩，配合颜色突出音乐的元素，使吉他在整个作品中显得尤为突出，本作品中吉他的装饰部分采用了绚丽的色彩，平衡了整体色彩，给人绚丽的视觉感受。

4.4　民族特色效果图案

本案例具有十分古朴的感觉，月亮与菊花元素都极具中国特色，将它们巧妙地结合再配合背景虚幻的天空构成了一幅意境深远的画面。

案例最终效果图：

◎　　制作时间：20 分钟

◎　　知识重点：导入图像、钢笔工具、图层样式、添加图层蒙版、滤镜

◎　　学习难度：★★

4.4.1　案例分析

本案例色彩亮丽，整体风格轻松，通过基本图像的多种特效处理，使图像赋予强烈的视觉冲击，充满了艺术的气息。

主要制作流程：

4.4.2 实例操作

（1）执行"文件"→"新建"命令，在如图 4-198 所示的"新建"对话框中，在名称①处输入文件名称，②处分别设置文件宽度为"2963"像素，高度为"2998"像素，分辨率为"300"像素／英寸，颜色模式设为"CMYK"模式，背景内容设置为"白色"，单击③处"确定"按钮。

图 4-198

> **提示：**
>
> 文件名称可根据个人的习惯和要求进行自定义的设置。
>
> 设置文件大小的默认单位一般为"像素"，也可更改为"cm"、"mm"等。

（2）选择"图层"面板中的"新建图层"按钮，新建"图层1"，单击"前景色"按钮设置前景色，其颜色的具体设置为"C：95、M：39、Y：0、K：75"，如图 4-199 所示，按"Alt+Backspace"快捷键完成前景色填充，完成效果如图 4-200 所示。

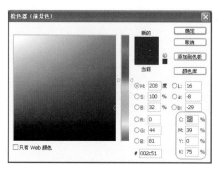

图 4-199

图 4-200

（3）选择"图层"面板中的"添加矢量蒙版"按钮，为"图层1"添加图层蒙版，选择"渐变工具"按钮，属性设置为 ▨▨▨▨，在蒙版中添加渐变效果，如图 4-201 所示，完成效果如图 4-202 所示。

图 4-201

图 4-202

（4）选择"钢笔工具"按钮，绘制如图 4-203 所示路径，在路径处单击鼠标右键，执行"建立选区"命令，将路径转化为选区，如图 4-204 所示，弹出"建立选区"对话框，在对话框中进行设置，如图 4-205 所示。

图 4-203

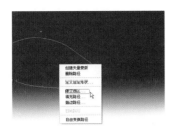

图 4-204

图 4-207

图 4-205

图 4-208

（5）选择"图层"面板中的"新建图层" 按钮，新建"图层 2"，单击"前景色" 按钮设置前景色，其颜色的具体设置为"白色"，按"Alt+Backspace"快捷键完成前景色填充，完成效果如图 4-206 所示。

图 4-209

图 4-206

（6）选中"图层 2"，选择"滤镜"→"模糊"→"高斯模糊"命令，在弹出的"高斯模糊"对话框中进行设置，如图 4-207 所示，完成效果如图 4-208 所示。

（7）选中"图层 2"，选择"滤镜"→"杂色"→"添加杂色"命令，如图 4-209 所示，在弹出的"添加杂色"对话框中进行设置，如图 4-210 所示，完成效果如图 4-211 所示。

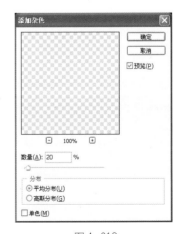

图 4-210

图4-211

(8) 选择"钢笔工具" 按钮，绘制如图4-212所示路径，在路径处单击鼠标右键，执行"建立选区"命令，将路径转化为选区，弹出"建立选区"对话框，在对话框中进行设置，如图4-213所示。

图4-212

图4-213

(9) 选择"图层"面板中的"新建图层" 按钮，新建"图层3"，单击"前景色" 按钮设置前景色，其颜色的具体设置为"白色"；按"Alt+Backspace"快捷键完成前景色填充，完成效果如图4-214所示。

(10) 选中"图层3"，选择"滤镜"→"模糊"→"高斯模糊"，在弹出的"高斯模糊"对话框中进行设置，如图4-215所示，选中"图层3"，选择"滤镜"→"杂色"→"添加杂色"命令，在弹出的"添加杂色"对话框中进行设置，如图4-216所示，完成效果如图4-217所示。

图4-214

图4-215

图4-216

图4-217

(11) 选择"图层"面板中的"新建图层" 按钮，新建"图层4"，选择"椭圆选框工具" 按钮，绘制如图4-218所示选区，选中"图层4"，选择"滤镜"→"模糊"→"高斯模糊"命令，在弹出的"高斯模糊"对话框中进行设置，如图4-219所示，完成效果如图4-220所示。

图4-218

图4-219

图4-220

(12) 选择"钢笔工具"按钮,绘制如图4-221所示路径,在路径处单击鼠标右键,执行"建立选区"命令,将路径转化为选区,弹出"建立选区"对话框,在对话框中进行设置,如图4-222所示。

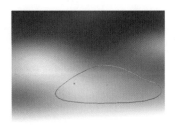

图4-221

图4-222

(13) 选择"图层"面板中的"新建图层"按钮,新建"图层5",选中"图层5",选择"滤镜"→"模糊"→"高斯模糊"命令,在弹出的"高斯模糊"对话框中进行设置,如图4-223所示,选中"图层5",选择"滤镜"→"杂色"→"添加杂色"命令,在弹出的"添加杂色"对话框中进行设置,如图4-224所示,完成效果如图4-225所示。

图4-223

图4-224

图4-225

（14）打开素材〝文件〞→〝打开〞→〝光盘〞
→〝ch04〞→〝027.psd〞，如图4-226所示。

图 4-226

（15）选择〝选择工具〞 按钮，将素材〝027.
psd〞拖拽至文件中，〝图层〞面板中自动生成〝图
层6〞，选中〝图层6〞，按下〝自由变换〞快捷键
〝Ctrl+T〞，调整图像大小，如图4-227所示。

图 4-227

（16）选择〝图层〞面板中的〝新建图层〞按
钮，新建〝图层7〞，选择〝椭圆选框工具〞按钮，
属性设置为 绘制选区，如图4-228所
示。单击〝前景色〞按钮设置前景色，其颜色的具体设
置为〝C：10，M：4，Y：4，K：0〞，如图4-229所
示，按〝Alt+Backspace〞快捷键完成前景色填充。
选中〝图层7〞，选择〝滤镜〞→〝模糊〞→〝高斯
模糊〞命令，在弹出的〝高斯模糊〞对话框中进行
设置，如图4-230所示，完成效果如图4-231所示。

图 4-228

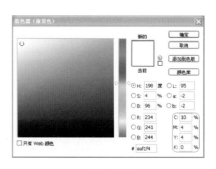

图 4-229

图 4-230

图 4-231

(17) 打开素材"文件"→"打开"→"光盘"→"ch04"→"028.psd"如图4-232所示。

图4-232

(18) 选择"选择工具" 按钮,将素材"028.psd"拖拽至文件中,"图层"面板中自动生成"图层8",选中"图层8",按下"自由变换"快捷键"Ctrl+T",调整图像大小,如图4-233所示。

图4-233

(19) 选择"画笔工具" 按钮,其属性设置为 ,画笔的笔刷设置如图4-234所示。单击"前景色" 按钮设置前景色,其颜色的具体设置为"黑色",选择"图层"面板中的"添加矢量蒙版" 按钮,在蒙版中进行绘制,如图4-235所示,完成效果如图4-236所示。

(20) 打开素材"文件"→"打开"→"光盘"→"ch04"→"029.psd",如图4-237所示。

图4-234

图4-235

图4-236

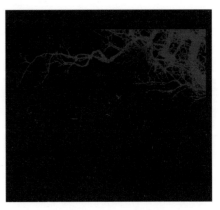

图4-237

（21）选择"选择工具" 按钮，将素材"029.psd"拖拽至文件中，"图层"面板中自动生成"图层9"，选中"图层9"，按下"自由变换"快捷键"Ctrl+T"调整图像大小，如图4-238所示。

图4-239

图4-238

（22）复制"图层9"，"图层"面板自动生成"图层9副本"，按"Ctrl"键并用鼠标单击"图层7副本"建立选区，单击"前景色" 按钮设置前景色，其颜色的具体设置为"C：24、M：11、Y：9、K：0"，如图4-239所示，按"Alt+Backspace"快捷键完成前景色填充，按下"自由变换"快捷键"Ctrl+T"，调整图像大小，如图4-240所示。

图4-240

4.4.3 案例小结

本案例主要特点为仿古，表现出背景的优雅，配合颜色突出宁静祥和，使水墨画在整个作品中显得尤为突出，本作品中月亮的装饰部分采用了水墨画，平衡了整体色彩，给人宁静优雅的视觉感受。

第 5 章　桌面背景特效

5.1　民族风格桌面

桌面背景的定位比较广泛，只要是自己喜欢的任何元素都可以制作成桌面。本节案例先选择一款具有中国风的案例，制作一幅简洁干净的桌面背景。

案例最终效果图：

◎　制作时间：15 分钟

◎　知识重点：导入图片、自由变换的应用、画笔工具、渐变工具、横排文字工具。

◎　学习难度：★★

5.1.1　案例分析

本案例以一簇盛开的菊花作为装饰图案，用祥云为之添加中国色彩，尽管处在画布的右下方，却也无形中成为了视觉的中心，在文字的处理上也别具匠心，整幅作品风格、颜色都十分统一。

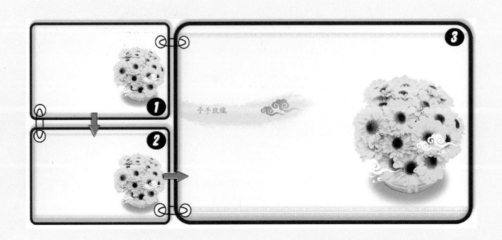

5.1.2　实例操作

（1）执行"文件"→"新建"命令弹出"新建"对话框，在如图5-1所示的"新建"对话框中设置新建文件值，名称①处输入文件名称，②处分别设置文件宽度为"4000"像素，高度为"2600"像素，分辨率为"300"像素／英寸，颜色模式设为"RGB"模式，背景内容设置为"白色"，单击③处"确定"按钮。

图5-1

提示：

文件名称可根据个人的习惯和要求进行自定义的设置。

设置文件大小的默认单位一般为"像素"，也可更改为"cm"、"mm"等。

（2）选中"背景图层"，选择"渐变工具" 按钮，选择"线性渐变" 按钮，添加渐变，渐变颜色设置为"C：5、M：3、Y：52、K：0"（如图5-2所示）和"白色"，如图5-3所示。

图5-3

（3）选择"图层"面板中"创建新图层" 按钮，新建"图层1"，如图5-4所示，选择"椭圆选框工具" 按钮，属性设置为 羽化：10 px 绘制。单击"前景色" 按钮设置前景色，其颜色的具体设置为"C：58、M：25、Y：80、K：0"，如图5-5所示，按"Alt+Backspace"快捷键填充背景图层，完成绘制效果如图5-6所示。

图5-4

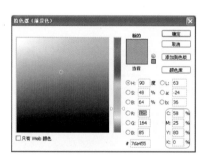

图5-5

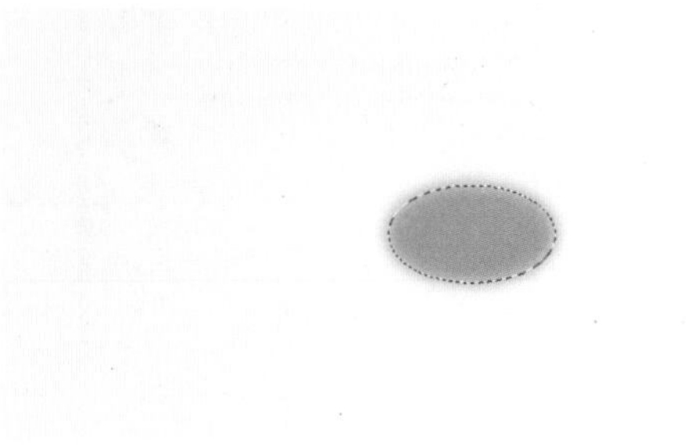

图5-2

图5-6

（4）打开素材"文件"→"打开"→"光盘"→"ch05"→"001.psd"，如图5-7所示。

图5-10

（7）选择"选择工具" 🔸按钮，将素材"002.psd"复制至文件中，"图层"面板中自动生成"图层3"，如图5-11所示。选中"图层3"，按下"自由变换"快捷键"Ctrl+T"，调整图像大小，如图5-12所示。

图5-7

图5-11

> ## 提示：
>
> 打开已有素材文件时，可直接在Photoshop界面的空白处双击，快速打开"打开文件"对话框。

图5-12

（5）选择"选择工具" 🔸按钮，将素材"001.psd"拖拽至文件中，"图层"面板中自动生成"图层2"，如图5-8所示。选中"图层2"。按下"自由变换"快捷键"Ctrl+T"，调整图像大小，如图5-9所示。

（8）打开素材"文件"→"打开"→"光盘"→"ch05"→"003.psd"，如图5-13所示。

图5-8

图5-13

（9）选择"选择工具" 🔸按钮，将素材"003.psd"复制至文件中，"图层"面板中自动生成"图层4"，如图5-14所示。选中"图层4"。按下"自由变换"快捷键"Ctrl+T"，调整图像大小，如图5-15所示。

（10）选择"图层"面板中"创建新图层" 按钮，新建"图层5"，如图5-16所示。选中"图层5"，选择"画笔工具" 🖌按钮，将属性设置为

图5-9

（6）打开素材"文件"→"打开"→"光盘"→"ch05"→"002.psd"，如图5-10所示。

进行绘制，如图5-17所示。单击"前景色"■按钮设置前景色，其颜色的具体设置为"C：14、M：7、Y：71、K：0"，完成效果如图5-18所示。

键"Ctrl+C"。选择"图层"面板中"创建新图层"按钮，新建"图层6"，如图5-20所示。选中"图层6"，按"粘贴"快捷键"Ctrl+V"，选择"选择工具"按钮，将"图层6"拖拽至如图5-21所示的位置。

图5-14

图5-19

图5-15

图5-16

图5-20

图5-17

图5-21

(12) 选中"图层6"，按住"Shift"键并单击"图层6"建立选区，选择"渐变工具"按钮，选择"线性渐变"按钮，添加渐变，渐变颜色设置为"C：8、M：70、Y：93、K：0"，如图5-22所示，"C：13、M：7、Y：70、K：0"，如图5-23所示，完成效果如图5-24所示。

图5-18

(11) 选中"图层3"，选择"矩形选框工具"按钮，选中如图5-19所示选区，按"复制"快捷

图5-22

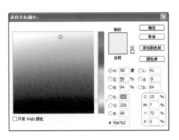

图 5-23

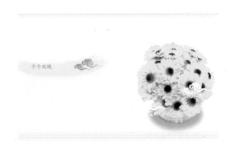

图 5-27

图 5-24

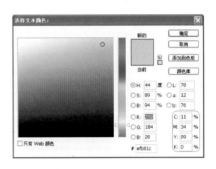

图 5-28

(13) 选择"横排文字工具"**T.**按钮,输入文字,①设置字体为"楷体",大小为"24 点",②设置颜色为"C:59、M:34、Y:100、K:0",如图 5-25所示,③选择"字体加粗",如图 5-26 所示,完成后效果如图 5-27 所示。

图 5-29

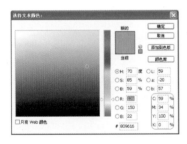 

图 5-25　　　　　图 5-26

(14) 选择"横排文字工具"**T.**按钮,输入文字,①设置字体为"楷体",大小为"24 点",②设置颜色为"C:11、M:34、Y:89、K:0",如图 5-28所示,③选择"字体加粗",如图 5-29 所示,完成后效果如图 5-30 所示。

图 5-30

5.1.3　案例小结

　　本案例主要特点为色彩的运用,使用虚幻的透明的渐变效果,表现出背景和花的装饰效果,若整幅作品都以彩色图像构成难免会显得杂乱,而这幅作品中鲜花部分和背景部分则采用了相近的颜色效果,平衡了整体色彩,给人舒服的视觉感受。

5.2　科技特效桌面

　　本节制作的桌面与上一节中的案例形成了鲜明的对比，多彩的颜色和绚丽的表现成为该案例的特点，一条鲜艳的红飘带贯穿了整个背景，打破了画面的中心对称，形成一种不对称的美感。

　　案例最终效果图：

◎　　制作时间：30 分钟

◎　　知识重点：导入图片、自由变换的应用、钢笔工具、添加适量蒙版工具、图层混合模式。

◎　　学习难度：★★

5.2.1　案例分析

　　本实例色彩亮丽，整体风格具有现代感，通过基本图像的多种特效处理，使图像赋予了华丽、时代感。

5.2.2 实例操作

（1）执行"文件"→"新建"命令弹出"新建"对话框，在如图 5—31 所示的"新建"对话框中设置新建文件值，名称①处输入文件名称，②处分别设置文件宽度为"3500"像素，高度为"2400"像素，分辨率为"300"像素／英寸，颜色模式设为"RGB"模式，背景内容设置为"白色"，单击③处"确定"按钮。

图 5—31

提示：

文件名称可根据个人的习惯和要求进行自定义的设置。

设置文件大小的默认单位一般为"像素"，也可更改为"cm"、"mm"等。

（2）打开素材"文件"→"打开"→"光盘"→"ch05"→"004.psd"，如图 5—32 所示。

图 5—32

提示：

打开已有素材文件时，可直接在 Photoshop 界面的空白处双击，快速打开"打开文件"对话框。

（3）选择"选择工具" 按钮，将素材"004.psd"复制至文件中，"图层"面板中自动生成"图层 1"，如图 5—33 所示。选中"图层 1"，按下"自由变换"快捷键"Ctrl+T"调整图像大小，如图 5—34 所示。

图 5—33

图 5—34

（4）选择"图层"面板中"创建新图层"按钮，新建"图层 2"。单击"前景色"按钮设置前景色，其颜色的具体设置为"黑色"；按"Alt+Backspace"快捷键完成前景色填充，如图 5—35 所示。选择"图层"面板中的"添加矢量蒙版"按钮，选择"画笔工具"按钮，属性设置为，在"图层 2"中进行绘制，效果如图 5—36 所示。

图 5—35

图 5—36

（5）打开素材"文件"→"打开"→"光盘"
→"ch05"→"005.psd"，如图 5-37 所示。

图 5-37

（6）选择"选择工具" ![选择工具] 按钮，将素材"005.
psd"复制至文件中，"图层"面板中自动生成"图
层 3"，如图 5-38 所示。选中"图层 3"，按下"自
由变换"快捷键"Ctrl+T"调整图像大小，如图
5-39 所示。

图 5-38

图 5-39

（7）打开素材"文件"→"打开"→"光盘"
→"ch05"→"006.psd"，如图 5-40 所示。

图 5-40

（8）选择"选择工具" ![选择工具] 按钮，将素材"006.
psd"复制至文件中，"图层"面板中自动生成"图
层 4"，如图 5-41 所示。选中"图层 4"，按下"自
由变换"快捷键"Ctrl+T"调整图像大小，如图
5-42 所示。

图 5-41

图 5-42

（9）打开素材"文件"→"打开"→"光盘"
→"ch05"→"007.psd"，如图 5-43 所示。

图 5-43

（10）选择"选择工具" ![选择工具] 按钮，将素材"007.
psd"复制至文件中，"图层"面板中自动生成"图
层 5"，如图 5-44 所示。选中"图层 5"，按下"自
由变换"快捷键"Ctrl+T"调整图像大小，如图
5-45 所示。

图 5-44

图 5-45

（11）选择"钢笔工具" 按钮，单击"前景色" 按钮设置前景色，其颜色的具体设置为"C：92、M：93、Y：91、K：0"，如图 5-46 所示。绘制如图 5-47 所示图形，完成绘制"图层"面板中自动生成"形状 1"，如图 5-48 所示。

图 5-46

图 5-47

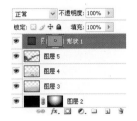

图 5-48

（12）选择"钢笔工具" 按钮，单击"前景色" 按钮设置前景色，其颜色的具体设置为"C：0、M：25、Y：0、K：78"，如图 5-49 所示。绘制如图 5-50 所示图形，完成绘制"图层"面板中自动生成"形状 2"，如图 5-51 所示。

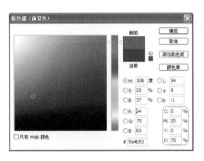

图 5-49

图 5-50

图 5-51

（13）选择"钢笔工具" 按钮，单击"前景色" 按钮设置前景色，其颜色的具体设置为"C：8、M：18、Y：4、K：0"，如图 5-52 所示。绘制如图 5-53 所示图形，完成绘制"图层"面板中自动生成"形状 3"，如图 5-54 所示。

（14）选择"钢笔工具" 按钮，单击"前景色" 按钮设置前景色，其颜色的具体设置为"C：8、M：18、Y：4、K：0"，如图 5-55 所示。绘制如图 5-56 所示图形，完成绘制"图层"面板中自动生成"形状 4"，如图 5-57 所示。

图 5-52

图 5-53

图 5-54

图 5-55

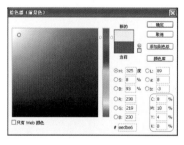

图 5-56

图 5-57

(15) 选择"钢笔工具" 按钮,单击"前景色" 按钮设置前景色,其颜色的具体设置为"C:5、M:13、Y:1、K:0",如图 5-58 所示。绘制如图 5-59 所示图形,完成绘制"图层"面板中自动生成"形状 4",如图 5-60 所示。

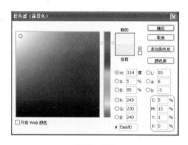

图 5-58

图 5-59

图 5-60

(16) 选择"图层"面板中"新建图层" 按钮,新建"图层 6",打开素材"文件"→"打开"→"光盘"→"ch05"→"008.psd",如图 5-61 所示。选择"编辑"→"定义图案"命令,如图 5-62 所示,弹出"图案名称"对话框，如图 5-63 所示，输入名称后单击"确定"按钮完成图案定义。

图 5-61

图 5-62

图 5-63

（17）按"Ctrl"键并用鼠标单击"形状 3"建立选区，选中"图层 6"，选择"编辑"→"填充"命令，如图 5-64 所示，弹出"填充"对话框，从"使用"下拉列表中选择"图案"选项，单击"自定图案"下拉按钮，选择"自定图案"，如图 5-65所示，单击"确定"按钮完成填充，完成效果如图 5-66 所示。

图 5-64

图 5-65

图 5-66

提示：

"图层 6"的混合模式设置为"颜色加深"。

（18）选择"图层"面板中的"新建图层"按钮，新建"图层 7"，按 Ctrl 键并用鼠标单击"形状 4"建立选区，选中"图层 7"，选择"编辑"→"填充"命令，弹出"填充"对话框，从"使用"下拉列表中选择"图案"选项，选择"自定图案"下拉按钮，选择与步骤（15）设置相同的"自定图案"，单击"确定"按钮完成填充，设置图层混合模式为"颜色加深"，如图 5-67 所示，完成效果如图 5-68所示。

图 5-67

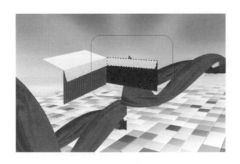

图5-68

(19) 选择"钢笔工具" ♦.按钮,单击"前景色"■按钮设置前景色,其颜色的具体设置为"黑色",绘制如图5-69所示形状,完成绘制"图层"面板中自动生成"形状6",不透明度设置为"50％",如图5-70所示。

图5-69

图5-70

(20) 选择"钢笔工具" ♦.按钮,单击"前景色"■按钮设置前景色,其颜色的具体设置为"黑色",绘制如图5-71所示形状,完成绘制"图层"面板中自动生成"形状7",不透明度设置为"40％"。选中"形状7",选择"图层"面板中的"添加矢量蒙版" ◙ 按钮,选择"渐变工具"■.按钮,如图5-72所示。

(21) 选择"钢笔工具" ♦.按钮,单击"前景色"■按钮设置前景色,其颜色的具体设置为"黑色",绘制如图5-73所示形状,完成绘制"图层"面板

中自动生成"形状8",不透明度设置为"40％"。选中"形状8"选择"图层"面板中的"添加矢量蒙版" ◙ 按钮,选择"渐变工具"■.按钮,如图5-74所示。

图5-71

图5-72

图5-73

图5-74

(22) 选择"钢笔工具" ♦.按钮,单击"前景色"■按钮设置前景色,其颜色的具体设置为"白色",

绘制如图 5-75 所示图形，完成绘制"图层"面板中自动生成"形状 9"，如图 5-76 所示。

图 5-75

图 5-76

（23）选择"图层"面板中"新建图层"按钮，新建"图层 8"，按"Ctrl"键并用鼠标单击"形状 9"建立选区，选中"图层 8"，选择"编辑"→"填充"命令，弹出"填充"对话框，从"使用"下拉列表中选择"图案"选项，选择"自定图案"下拉按钮，选择与步骤（15）设置相同的"自定图案"，单击"确定"按钮完成填充，如图 5-77 所示，完成效果如图 5-78 所示。

图 5-77

图 5-78

（24）选择"钢笔工具"按钮，单击"前景色"按钮设置前景色，其颜色的具体设置为"白色"，绘制如图 5-79 所示图形，完成绘制"图层"面板中自动生成"形状 10"，如图 5-80 所示。

图 5-79

图 5-80

（25）选择"图层"面板中"新建图层"按钮，新建"图层 9"，按 Ctrl 键并用鼠标单击"形状 10"建立选区，选中"图层 9"，选择"编辑"→"填充"命令，弹出"填充"对话框，从"使用"下拉列表中选择"图案"选项，选择"自定图案"下拉按钮，选择与步骤（15）设置相同的"自定图案"，单击"确定"按钮完成填充，如图 5-81 所示，完成效果如图 5-82 所示。

图 5-81

（26）选择"钢笔工具"按钮，单击"前景色"按钮设置前景色，其颜色的具体设置为"白色"，绘制如图 5-83 所示图形，完成绘制"图层"面板中自动生成"形状 11"，如图 5-84 所示。

图 5-82

图 5-83

图 5-84

(27) 选择"钢笔工具" 按钮，单击"前景色"
按钮设置前景色，其颜色的具体设置为"黑色"，
绘制如图 5-85 所示图形，完成绘制"图层"面板
中自动生成"形状 12"，不透明度设置为"40%"，
如图 5-86 所示。

图 5-85

图 5-86

提示：

"形状 12"作为阴影部分放置于"形状 11"
下面。

(28) 打开素材"文件"→"打开"→"光盘"
→"ch05"→"009.psd"，如图 5-87 所示。

图 5-87

(29) 选择"选择工具" 按钮，将素材"009.
psd"复制至文件中，"图层"面板中自动生成"图
层 10"，如图 5-88 所示。选中"图层 10"，按下
"自由变换"快捷键"Ctrl+T"调整图像大小，如
图 5-89 所示。

图 5-88

图 5-89

(30) 打开素材"文件"→"打开"→"光盘"
→"ch05"→"010.psd"，如图 5-90 所示。

图 5-90

图 5-91

(31) 选择"选择工具" 按钮，将素材"010.
psd"复制至文件中，"图层"面板中自动生成"图
层 11"，如图 5-91 所示。选中"图层 11"，按下
"自由变换"快捷键"Ctrl+T"调整图像大小，如
图 5-92 所示。

图 5-92

5.2.3 案例小结

本案例主要特点为颜色绚丽，使用虚幻的背景效果加上多个图层的叠加，表现 3D 效果，配合背
景突出了礼品，使礼品在整个作品中显得尤为突出，平衡了整体色彩，给人华丽、时尚的视觉感受。

5.3 炫彩特效桌面

本节将要制作的桌面具有强烈的时尚感，艳丽的颜色和矢量美女构成了十分抢眼的视觉冲击力，
桌面构图方式十分特殊，摆脱了传统的左右对称或上下对称，而是在画面的四角分别加以装饰，中
心位置反而选择留白处理。

案例最终效果图：

◎ 制作时间：30 分钟

◎ 知识重点：导入图片、画笔工具、自由
变换的应用。

◎ 学习难度：★★

5.3.1　案例分析

本实例色彩绚丽，整体风格具有现代感，通过基本图像的多种特效处理，使图像赋予了艳丽、舒适。

5.3.2　实例操作

（1）执行"文件"→"新建"命令弹出"新建"对话框，在如图5-93所示的"新建"对话框中设置新建文件值，名称①处输入文件名称，②处分别设置文件宽度为"4000"像素，高度为"2600"像素，分辨率为"300"像素／英寸，颜色模式设为"RGB"模式，背景内容设置为"白色"，单击③处"确定"按钮。

> **提示：**
>
> 文件名称可根据个人的习惯和要求进行自定义的设置。
>
> 设置文件大小的默认单位一般为"像素"，也可更改为"cm"、"mm"等。

（2）选中"背景图层"，单击"画笔工具" ✐ 按钮，笔刷设置为"108"，主直径设置为"911"，如图5-94所示。单击"前景色" ■ 按钮设置前景色，其颜色的具体设置为"C：9、M：94、Y：2、K：0"，如图5-95所示，完成绘制如图5-96所示。

图5-93

图5-94

图 5-95

图 5-96

（3）选择"图层"面板中"新建图层"□按钮，"图层"面板中自动生成"图层1"，如图5-97所示。选中"图层1"，单击"画笔工具"✎按钮，笔刷设置为"92"，主直径设置为"339"，如图5-98所示，完成绘制如图5-99所示。

图 5-97

图 5-98

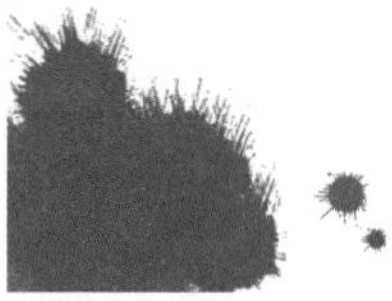

图 5-99

（4）打开素材"文件"→"打开"→"光盘"→"ch05"→"011.psd"，如图5-100所示。

图 5-100

（5）选择"选择工具"⊕按钮，将素材"011.psd"复制至文件中，"图层"面板中自动生成"图层2"，如图5-101所示。选中"图层2"，按下"自由变换"快捷键"Ctrl+T"调整图像大小，如图5-102所示。

图 5-101

图 5-102

（6）打开素材"文件"→"打开"→"光盘"→"ch05"→"011.psd"，如图5-103所示。

（7）选择"选择工具"⊕按钮，将素材"011.psd"复制至文件中，"图层"面板中自动生成"图层3"，如图5-104所示。选中"图层3"，按下"自由变换"快捷键"Ctrl+T"调整图像大小，如图5-105所示。

图 5-103

图 5-104

图 5-105

（8）选择"编辑"→"变换"→"水平翻转"
命令，如图5-106所示，完成效果如图5-107所示。

图 5-106

图 5-107

（9）打开素材"文件"→"打开"→"光盘"
→"ch05"→"012.psd"，如图5-108所示。

图 5-108

（10）选择"选择工具"按钮，将素材"012.
psd"复制至文件中，"图层"面板中自动生成"图
层4"，如图5-109所示。选中"图层4"，按下"自
由变换"快捷键"Ctrl+T"，调整图像大小，如图
5-110所示。

图 5-109

图 5-110

（11）选中"图层4"，右击"图层4"，复制"图
层4"，"图层"面板中自动生成"图层4副本"，如
图5-111所示。按"Ctrl"键并用鼠标单击"图层4
副本"建立选区。单击"前景色"按钮设置前景色，

其颜色的具体设置为"C：78、M：100、Y：48、K：8"，如图5-112所示，按"Alt+Backspace"快捷键完成前景色填充，按下"自由变换"快捷键"Ctrl+T"，调整图像大小，如图5-113所示。

图5-111

图5-112

图5-113

（12）选中"图层4"，右击复制"图层4"，"图层"面板中自动生成"图层4副本2"，如图5-114所示。按"Ctrl"键并用鼠标单击"图层4副本2"建立选区。单击"前景色"■按钮设置前景色，其颜色的具体设置为"C：58、M：100、Y：35、K：1"，如图5-115所示，按"Alt+Backspace"快捷键完成前景色填充，按下"自由变换"快捷键"Ctrl+T"，调整图像大小，如图5-116所示。

图5-114

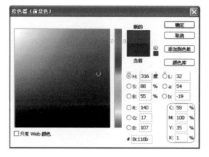

图5-115

图5-116

（13）选中"图层4"右击复制"图层4"，"图层"面板中自动生成"图层4副本3"，如图5-117所示。按"Ctrl"键并用鼠标单击"图层4副本3"建立选区。单击"前景色"■按钮设置前景色，其颜色的具体设置为"C：38、M：96、Y：6、K：0"，如图5-118所示，按"Alt+Backspace"快捷键完成前景色填充，按下"自由变换"快捷键"Ctrl+T"，调整图像大小，如图5-119所示。

图5-117

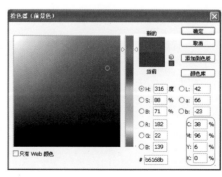

图5-118

图 5-119

（14）打开素材〝文件〞→〝打开〞→〝光盘〞
→〝ch05〞→〝013.psd〞，如图 5-120 所示。

图 5-120

（15）选择〝选择工具〞按钮，将素材〝013.
psd〞复制至文件中，〝图层〞面板中自动生成〝图
层5〞，如图 5-121 所示。选中〝图层5〞，按下〝自
由变换〞快捷键〝Ctrl+T〞，调整图像大小，如图
5-122 所示。

图 5-121

图 5-122

（16）打开素材〝文件〞→〝打开〞→〝光盘〞
→〝ch05〞→〝014.psd〞，如图 5-123 所示。

图 5-123

（17）选择〝选择工具〞按钮，将素材〝014.
psd〞复制至文件中，〝图层〞面板中自动生成〝图
层6〞，如图 5-124 所示。选中〝图层6〞，按下〝自
由变换〞快捷键〝Ctrl+T〞，调整图像大小，如图
5-125 所示。

图 5-124

图 5-125

（18）选中〝图层6〞，右击复制〝图层6〞，〝图
层〞面板中自动生成〝图层6副本〞，如图 5-126 所
示。按〝Ctrl〞键并用鼠标单击〝图层6副本〞建立
选区。单击〝前景色〞按钮设置前景色，其颜色的
具体设置为〝白色〞，按〝Alt+Backspace〞快捷键
完成前景色填充，按下〝自由变换〞快捷键
〝Ctrl+T〞，调整图像大小，如图 5-127 所示。

图 5-126

图 5-127

（19）选中"图层6"，右击复制"图层6"，"图层"面板中自动生成"图层6副本2"，如图5-128所示。按"Ctrl"键并用鼠标单击"图层6副本2"建立选区。单击"前景色"■按钮设置前景色，其颜色的具体设置为"白色"，按"Alt+Backspace"快捷键完成前景色填充，按下"自由变换"快捷键"Ctrl+T"，调整图像大小，如图5-129所示。

图 5-128

图 5-129

（20）选中"图层6"右击复制"图层6"，"图层"面板中自动生成"图层6副本3"，如图5-130所示。按"Ctrl"键并用鼠标单击"图层6副本3"建立选区。单击"前景色"■按钮设置前景色，其颜色的具体设置为"白色"，按"Alt+Backspace"快捷键完成前景色填充，按下"自由变换"快捷键"Ctrl+T"，调整图像大小，如图5-131所示。

（21）选择"图层"面板中"新建图层"■按钮，"图层"面板中自动生成"图层7"，选择"画笔工具"✐按钮，笔刷设置为"92"，主直径设置为"2028"，如图5-132所示。单击"前景色"■按钮设置前景色，其颜色的具体设置为"C：7、M：4、

Y：86、K：0"，如图5-133所示，完成绘制如图5-134所示。

图 5-130

图 5-131

图 5-132

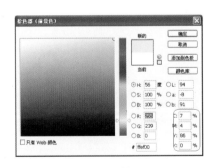

图 5-133

图 5-134

（22）打开素材"文件"→"打开"→"光盘"→"ch05"→"015.psd"，如图5-135所示。

图5-135

（23）选择"选择工具" 按钮，将素材"015.psd"复制至文件中，"图层"面板中自动生成"图层8"，如图5-136所示。选中"图层8"，按下"自由变换"快捷键"Ctrl+T"，调整图像大小，如图5-137所示。

图5-136

图5-137

（24）选择"图层"面板中"新建图层" 按钮，"图层"面板中自动生成"图层9"，如图5-138所示。选择"椭圆选框工具" 按钮，按住"Shift"键并用鼠标拖拽绘制正圆形。单击"前景色" 按钮设置前景色，其颜色的具体设置为"C：36、M：3、Y：92、K：0"，如图5-139所示，按"Alt+Backspace"快捷键完成前景色填充，如图5-140所示。

（25）选择"图层"面板中"新建图层" 按钮，"图层"面板中自动生成"图层10"，如图5-141所示。

示。选择"椭圆选框工具" 按钮，按住"Shift"键并用鼠标拖拽绘制正圆形。单击"前景色" 按钮设置前景色，其颜色的具体设置为"C：36、M：3、Y：92、K：0"，如图5-142所示，按"Alt+Backspace"快捷键完成前景色填充。保留选区的建立，并将其复制两次，适当调整复制后正圆图形的大小，如图5-143所示。

图5-138

图5-139

图5-140

图5-141

图5-142

图 5-143

(26) 选中"图层6",右击复制"图层6","图层"面板中自动生成"图层6副本4",如图5-144所示。按"Ctrl"键并用鼠标单击"图层6副本4"建立选区。单击"前景色"■按钮设置前景色,其颜色的具体设置为"C:68、M:4、Y:24、K:0",如图5-145所示,按"Alt+Backspace"快捷键完成前景色填充,按下"自由变换"快捷键"Ctrl+T",调整图像大小,如图5-146所示。

图 5-144

图 5-145

图 5-146

(27) 选中"图层6",右击复制"图层6","图层"面板中自动生成"图层6副本5",如图5-147所示。按"Ctrl"键并用鼠标单击"图层6副本5"建立选区。单击"前景色"■按钮设置前景色,其颜

色的具体设置为"C:62、M:0、Y:9、K:0",如图5-148所示,按"Alt+Backspace"快捷键完成前景色填充,按下"自由变换"快捷键"Ctrl+T",调整图像大小,如图5-149所示。

图 5-147

图 5-148

图 5-149

(27) 选中"图层6",复制"图层6","图层"面板中自动生成"图层6副本6",如图5-150所示。按"Ctrl"键并用鼠标单击"图层6副本6"建立选区。单击"前景色"■按钮设置前景色,其颜色的具体设置为"C:23、M:82、Y:0、K:0",如图5-151所示,按"Alt+Backspace"快捷键完成前景色填充,按下"自由变换"快捷键"Ctrl+T",调整图像大小,如图5-152所示。

图 5-150

图 5-151

图 5-155

(31) 打开素材"文件"→"打开"→"光盘"
→"ch05"→"017.psd"，如图 5-156 所示。

图 5-152

(29) 打开素材"文件"→"打开"→"光盘"
→"ch05"→"016.psd"，如图 5-153 所示。

图 5-156

(32) 选择"选择工具" 按钮，将素材"017.
psd"复制至文件中，"图层"面板中自动生成"图
层 12"，如图 5-157 所示。选中"图层 12"，按下
"自由变换"快捷键"Ctrl+T"调整图像大小，如图
5-158 所示。

图 5-153

图 5-157

(30) 选择"选择工具" 按钮，将素材"016.
psd"复制至文件中，"图层"面板中自动生成"图
层 11"，如图 5-154 所示。选中"图层 11"，按下
"自由变换"快捷键"Ctrl+T"调整图像大小，如图
5-155 所示。

图 5-158

图 5-154

(33) 选择"横排文字工具" ，设置字体、文

字大小和属性为  ，分别输入文字，并适当调整部分文字的大小，如图5-159所示。

图5-159

(34) 执行"文件"→"打开"→"光盘"→"素材"→"ch05"→"015.tiff"，单击"移动工具" 按钮，将图片"017.tiff"复制至文件中，自动生成"图层13"，按"Ctrl+T"快捷键自由变换调整"图层13"，如图5-160所示。

图5-160

(35) 按住"Shift"键并用鼠标单击"图层13"，将该图层放置在"IMAGETODAY"文字图层的上面，在"图层"面板单击鼠标右键，选择"创建剪贴蒙版"，如图5-161所示，创建后效果如图5-162所示。

图5-161　　　　　　　图5-162

5.3.3　案例小结

该案例主要特点为色彩的运用，以使用人物与蝴蝶的搭配，表现出背景和水渍的装饰效果，若整幅作品都以彩色图像构成难免会显得杂乱，而这幅作品中鲜花部分和背景部分则采用了黑白效果，平衡了整体色彩，给人舒服的视觉感受。

第 6 章　纹理特效

6.1　现代版画纹理特效

版画，是绘画种类之一，也是中国美术的一个重要门类。是用刀或化学药品等在木、石、麻胶、铜、锌等版面上雕刻或蚀刻后印刷出来的图画。本节将使用Photoshop的各种功能来表现版画的效果。

案例最终效果图：

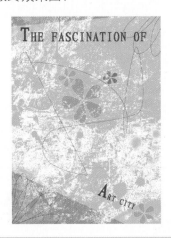

◎　制作时间：20分钟

◎　知识重点：导入图片、自由变换的应用、文字工具、画笔工具、钢笔工具、描边

◎　学习难度：★☆

6.1.1　案例分析

本实例色彩淳朴，整体风格具有现代感，通过基本图像的多种特效处理，使图像赋予了版画效果。

6.1.2 实例操作

（1）执行"文件"→"新建"命令，弹出"新建"对话框，在如图6-1所示的"新建"对话框中设置新建文件值，名称①处输入文件名称，②处分别设置文件宽度为"2300"像素，高度为"3100"像素，分辨率为"300"像素／英寸，颜色模式设为"RGB"模式，背景内容设置为"白色"，单击③处"确定"按钮。

图6-1

> **提示：**
>
> 文件名称可根据个人的习惯和要求进行自定义的设置。
>
> 设置文件大小的默认单位一般为"像素"，也可更改为"cm"、"mm"等。

（2）单击"前景色" ■按钮设置前景色，其颜色的具体设置为"C：43、M：46、Y：59、K：0"，如图6-2所示，选择"钢笔工具" 按钮，绘制如图6-3所示路径，绘制结束"图层"面板中自动生成"形状1"。

图6-2

图6-3

（3）单击"前景色" ■按钮设置前景色，其颜色的具体设置为"C：43、M：46、Y：59、K：0"，如图6-4所示，选择"钢笔工具" 按钮，绘制如图6-5所示路径，绘制结束"图层"面板中自动生成"形状2"。

图6-4

图6-5

（4）选择"图层"面板中"创建新图层" 按钮，新建"图层1"，单击"前景色" ■按钮设置前景色，其颜色的具体设置为"C：27、M：27、Y：42、K：0"，如图6-6所示，按"Alt+Backspace"快捷键完成前景色填充，完成效果如图6-7所示。

图6-6

图6-7

（5）单击"前景色" ■按钮设置前景色，其颜色的具体设置为"C：28、M：41、Y：62、K：0"，如图6-8所示。选择"钢笔工具" ◊按钮，绘制如图6-9所示路径，绘制结束"图层"面板中自动生成"形状3"。

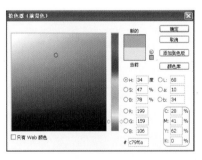

图6-8

图6-9

（6）复制"形状3"，"图层"面板中自动生成"形状3副本"，复制"形状3"，"图层"面板中自动生成"形状3副本2"，复制"形状3"，"图层"面

板中自动生成"形状3副本3"，复制"形状3"，"图层"面板中自动生成"形状3副本4"，按下"自由变换"快捷键"Ctrl+T"，调整图像大小，完成效果如图6-10所示。

图6-10

（7）选择"图层"面板中的"新建组" ▫ 按钮，新建"组1"，选中"形状3"至"形状3副本4"拖拽至"组1"，如图6-11所示。

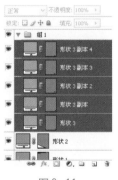

图6-11

（8）复制"组1"，"图层"面板中自动生成"组1副本"，如图6-12所示。选中"组1副本"，按下"自由变换"快捷键"Ctrl+T"，调整图像大小，完成效果如图6-13所示。

图6-12

图 6-13

(9) 复制"组 1","图层"面板中自动生成"组 1 副本 2",双击█更改形状颜色,颜色设置为"C:43、M:36、Y:62、K:0",如图 6-14 所示,图层复制完成如图 6-15 所示,选中"组 1 副本 2",按下"自由变换"快捷键"Ctrl+T",调整图像大小,完成效果如图 6-16 所示。

图 6-14

图 6-15

图 6-16

(10) 复制"组 1","图层"面板中自动生成"组 1 副本 3",双击█更改形状颜色,颜色设置为"C:51、M:60、Y:67、K:3",如图 6-17 所示,图层复制完成如图 6-18 所示。选中"组 1 副本 3",按下"自由变换"快捷键"Ctrl+T",调整图像大小,完成效果如图 6-19 所示。

图 6-17

图 6-18

图 6-19

(11) 单击"前景色"█按钮设置前景色,其颜色的具体设置为"C:27、M:27、Y:42、K:0",如图 6-20 所示,选择"钢笔工具"█按钮,绘制如图 6-21 所示路径,按"Ctrl"键并用鼠标单击"形状图层"建立选区。选择"图层"面板中"创建新图层"█按钮,新建"图层 2",按"Alt+Backspace"快捷键完成前景色填充,选中"图层 2"按"Delete"键删除形状图层。

图6—20

图6—21

（12）单击"前景色"■按钮设置前景色，其颜色的具体设置为"白色"，选择"钢笔工具"◊按钮，绘制如图6—22所示路径，绘制结束"图层"面板中自动生成"形状4"。

图6—22

（13）按"Ctrl"键并用鼠标单击"形状4"建立选区，如图6—23所示，选择"图层"面板中"创建新图层"■按钮，新建"图层3"。选择"编辑"→"描边"命令，弹出"描边"对话框，在对话框中进行设置，如图6—24所示，选中"形状4"，按"Delete"键删除形状图层。

（14）单击"前景色"■按钮设置前景色，其颜色的具体设置为"白色"，选择"钢笔工具"◊按钮，绘制如图6—25所示路径，绘制结束"图层"面板中自动生成"形状4"。

图6—23

图6 24

图6—25

（15）按"Ctrl"键并用鼠标单击"形状4"建立选区，如图6—26所示，选择"图层"面板中"创建新图层"■按钮，新建"图层4"。选择"编辑"→"描边"命令，弹出"描边"对话框，在对话框中进行设置，如图6—27所示，选中"形状4"，按"Delete"键删除形状图层。

图6—26

（16）单击"前景色"■按钮设置前景色，其颜色的具体设置为"白色"，选择"钢笔工具"◊按钮，绘制如图6—28所示路径，绘制结束"图层"面板中自动生成"形状4"。

图6—27

图6—28

（17）按"Ctrl"键并用鼠标单击"形状4"建立选区，如图6—29所示，选择"图层"面板中"创建新图层"▣按钮，新建"图层5"。选择"编辑"→"描边"命令，弹出"描边"对话框，在对话框中进行设置，如图6—30所示，选中"形状4"，按"Delete"键删除形状图层。

图6—29

图6—30

（18）单击"前景色"▣按钮设置前景色，其颜色的具体设置为"白色"，选择"钢笔工具"◊按钮，

绘制如图6—31所示路径，绘制结束"图层"面板中自动生成"形状4"。

图6—31

（19）按"Ctrl"键并用鼠标单击"形状4"建立选区，如图6—32所示，选择"图层"面板中"创建新图层"▣按钮，新建"图层6"。选择"编辑"→"描边"命令弹出"描边"对话框，在对话框中进行设置，如图6—33所示，选中"形状4"，按"Delete"键删除形状图层。

图6—32

图6—33

（20）单击"前景色"▣按钮设置前景色，其颜色的具体设置为"白色"，选择"钢笔工具"◊按钮，绘制如图6—34所示路径，绘制结束"图层"面板中自动生成"形状4"。

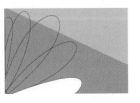

图6—34

（21）按"Ctrl"键并用鼠标单击"形状4"建立选区，如图6-35所示，选择"图层"面板中"创建新图层"按钮，新建"图层7"。选择"编辑"→"描边"命令，弹出"描边"对话框，在对话框中进行设置，如图6-36所示，选中"形状4"，按"Delete"键删除形状图层。

图6-35

图6-36

（22）单击"前景色"按钮设置前景色，其颜色的具体设置为"白色"，选择"钢笔工具"按钮，绘制如图6-37所示路径，绘制结束"图层"面板中自动生成"形状4"。

图6-37

（23）按"Ctrl"键并用鼠标单击"形状4"建立选区，如图6-38所示，选择"图层"面板中"创建新图层"按钮，新建"图层8"。选择"编辑"→"描边"命令弹出"描边"对话框，在对话框中进行设置，如图6-39所示，选中"形状4"，按"Delete"键删除形状图层。

图6-38

图6-39

（24）单击"前景色"按钮设置前景色，其颜色的具体设置为"白色"，选择"钢笔工具"按钮，绘制如图6-40所示路径，绘制结束"图层"面板中自动生成"形状4"。

图6-40

（25）按"Ctrl"键并用鼠标单击"形状4"建立选区，如图6-41所示，选择"图层"面板中"创建新图层"按钮，新建"图层9"。选择"编辑"→"描边"命令弹出"描边对话框"，在对话框中进行设置，如图6-42所示，选中"形状4"，按"Delete"键删除形状图层。

图6-41

（26）单击"前景色"按钮设置前景色，其颜色的具体设置为"白色"，选择"钢笔工具"按钮，绘制如图6-43所示路径，绘制结束"图层"面板中自动生成"形状4"。

图6-42

图6-43

（27）按"Ctrl"键并用鼠标单击"形状4"建立选区，如图6-44所示，选择"图层"面板中"创建新图层"按钮，新建"图层10"。选择"编辑"→"描边"命令弹出"描边"对话框，在对话框中进行设置，如图6-45所示，选中"形状4"，按"Delete"键删除形状图层，完成以上步骤效果如图6-46所示。

图6-44

图6-45

图6-46

（28）如步骤（26）、（27）所示，为"组1"中的形状图层添加描边，如图6-47所示，完成效果如图6-48所示。

图6-47

图6-48

（29）如步骤（26）、（27）所示，为"组1副本"中的形状图层添加描边，如图6-49所示，完成效果如图6-50所示。

（30）如步骤（26）、（27）所示，为"组1副本2"中的形状图层添加描边，如图6-51所示，完成效果如图6-52所示。

图 6-49

图 6-50

图 6-51

图 6-52

效果如图 6-54 所示。

图 6-53

图 6-54

（32）打开素材"文件"→"打开"→"光盘"
→"ch06"→"001.psd"，如图 6-55 所示。

图 6-55

提示：

打开已有素材文件时，可直接在Photoshop
界面的空白处双击，快速打开"打开文件"对
话框。

（31）如步骤（26）、（27）所示，为"组1副本
3"中的形状图层添加描边，如图6-53所示，完成

（33）选择"选择工具"按钮，将素材"001.psd"复制至文件中，"图层"面板中自动生成"图层31"，如图6-56所示，选中"图层31"，按下"自由变换"快捷键"Ctrl+I"，调整图像大小，设置图层混合模式为"叠加"，如图6-57所示。

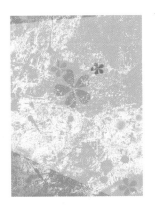

图6-56

图6-57

（34）单击"前景色"按钮设置前景色，其颜色的具体设置为"白色"，选择"钢笔工具"按钮，绘制如图6-58所示路径，绘制结束"图层"面板中自动生成"形状4"。

图6-58

（35）按"Ctrl"键并用鼠标单击"形状4"建

立选区，如图6-59所示，选择"图层"面板中"创建新图层"按钮，新建"图层11"。选择"编辑"→"描边"命令弹出"描边"对话框，在对话框中进行设置，如图6-60所示，选中"形状4"，按"Delete"键删除形状图层，完成效果如图6-61所示。

图6-59

图6-60

图6-61

（36）选择"横排文字工具"按钮，属性设置如图6-62所示，颜色设置为"C：62、M：74、Y：100、K：41"，如图6-63所示，按下"自由变换"快捷键"Ctrl+T"，调整文字角度大小，完成效果如图6-64所示。

图6-62

图6-63

图6-64

(37) 选择"横排文字工具" **T** 按钮,属性设置如图6-65所示,颜色设置为"C:62、M:74、Y:100、K:0",如图6-66所示,按下"自由变换"快捷键"Ctrl+T",调整文字角度大小,完成效果如图6-67所示。

图6-65

图6-66

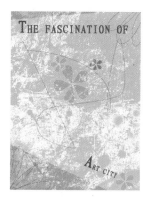

图6-67

(38) 单击"前景色"■按钮设置前景色,其颜色的具体设置为"C:63、M:72、Y:100、K:39",如图6-68所示,单击"画笔工具"✐按钮,属性设置如图6-69所示,按下"自由变换"快捷键"Ctrl+T",调整图像,完成效果如图6-70所示。

图6-68

图6-69

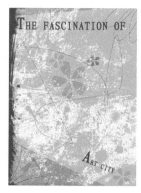

图6-70

6.1.3　案例小结

　　本案例主要特点为色彩的运用，使用富有现代感的涂鸦效果，表现出背景和花的装饰效果，若整幅作品都以彩色图像构成难免会显得杂乱，而这幅作品中鲜花部分和背景部分则采用了比较暗的颜色效果，平衡了整体色彩，给人舒服的视觉感受。

6.2　水墨画纹理特效

　　水墨画效果的概念就是将两幅或几幅效果单一、表现能力有限的图像经过 Photoshop CS4 的强大功能的处理，巧妙地拼合成一幅具有水墨画效果的新作品。

　　案例最终效果图：

◎　　制作时间：10 分钟

◎　　知识重点：导入图片、自由变换的应用、
　　　　　　　　渐变工具

◎　　学习难度：★

6.2.1　案例分析

　　本实例颇为复古，整体风格非常古典，通过基本图像的多种特效处理，使图像赋予了水墨画的效果。

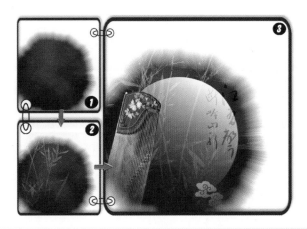

6.2.2　实例操作

（1）执行"文件"→"新建"命令弹出"新建"对话框，在如图6-71所示的"新建"对话框中设置新建文件值，名称①处输入文件名称，②处分别设置文件宽度为"2900"像素，高度为"2900"像素，分辨率为"300"像素／英寸，颜色模式设为"RGB"模式，背景内容设置为"白色"，单击③处"确定"按钮。

图6-71

（2）选择"图层"面板中"新建图层"按钮，"图层"面板中自动生成"图层1"，选择"椭圆选框工具"按钮，绘制正圆形选区，选择按钮设置前景色，其颜色的具体设置为"C：73、M：66、Y：63、K：20"，如图6-72所示，按"Alt+Backspace"快捷键完成前景色填充。

图6-72

（3）选择"滤镜"→"渲染"→"云彩"命令，如图6-73所示，完成效果如图6-74所示。

图6-73

图6-74

（4）选择"滤镜"→"扭曲"→"波浪"命令，如图6-75所示，在弹出的"波浪"对话框中进行设置，生成器数为"6"，"波长"最小为10，最大为118，"波幅"最小为10，最大为24，"比例"水平为25，垂直为25，"类型"勾选"正弦"，如图6-76所示，完成效果如图6-77所示。

图6-75

图6-76

图6-77

(5) 选择"滤镜"→"风格化"→"风"命令，如图6-78所示，在弹出的"风"对话框中进行设置，如图6-79所示，完成效果如图6-80所示。

图6-78

图6-79

图6-80

(6) 选择"滤镜"→"风格化"→"风"命令，

如图6-81所示，在弹出的"风"对话框中进行设置，如图6-82所示，完成效果如图6-83所示。

图6-81

图6-82

图6-83

(7) 选择"滤镜"→"模糊"→"径向模糊"命令，如图6-84所示，在弹出的"径向模糊"对话框中进行设置，如图6-85所示，完成效果如图6-86所示。

(8) 选择"图层"面板中"新建图层"按钮，"图层"面板中自动生成"图层2"，选择"椭圆选框工具" 按钮，绘制正圆形选区，选择"渐变工具" 按钮，属性设置为 ，在选区中添加渐变如图6-87所示，

图6-84

图6-85

图6-86

图6-87

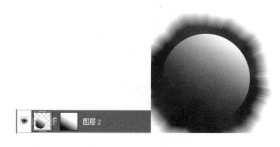

图6-88

图6-89

(11) 选择"选择工具"按钮，将素材"002.psd"复制至文件中，"图层"面板中自动生成"图层3"，如图6-90所示。选中"图层3"，按下"自由变换"快捷键"Ctrl+T"，调整图像大小，如图6-91所示。

图6-90

图6-91

(9) 选中"图层"面板中的"添加矢量蒙版"按钮，选择"渐变工具"按钮，为"图层2"添加图层蒙版，如图6-88所示。

(10) 打开素材"文件"→"打开"→"光盘"→"ch06"→"002.psd"，如图6-89所示。

(12) 选中"图层"面板中的"添加矢量蒙版"按钮，选择"渐变工具"按钮，为"图层3"

添加图层蒙版，如图 6-92 所示。

图 6-92

（13）打开素材"文件"→"打开"→"光盘"
→"ch06"→"003.psd"，如图 6-93 所示。

图 6-93

（14）选择"选择工具" 按钮，将素材"003.
psd"拖拽至文件中，"图层"面板中自动生成"图
层 4"，如图 6-94 所示。选中"图层 4"，按下"自
由变换"快捷键"Ctrl+T"，调整图像大小，如图
6-95 所示。

图 6-94

图 6-95

（15）选中"图层"面板中的"添加矢量蒙版"
 按钮，选择"渐变工具" 按钮，为"图层 4"添
加图层蒙版，设置图层的混合模式为"滤色"，如图
6-96 所示。

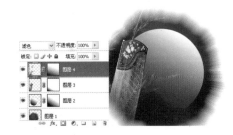

图 6-96

（16）复制"图层 4"，"图层"面板中自动生成
"图层 4 副本"，选择"选择工具" 按钮，调整"图
层 4 副本"的位置如图 6-97 所示。

图 6-97

（17）打开素材"文件"→"打开"→"光盘"
→"ch06"→"004.psd"，如图 6-98 所示。

图 6-98

(18) 选择"选择工具" ⊕ 按钮,将素材"004. psd"复制至文件中,"图层"面板中自动生成"图层5",如图6-99所示。选中"图层5",按下"自由变换"快捷键"Ctrl+T",调整图像大小,如图6-100所示。

图6-99

图6-100

(19) 选中"图层"面板中的"添加矢量蒙版" ◻ 按钮,选择"渐变工具" ▦ 按钮,为"图层5"添加图层蒙版,如图6-101所示,完成效果如图6-102所示。

图6-101

图6-102

(20) 打开素材"文件"→"打开"→"光盘"→"ch06"→"005.psd",如图6-103所示。

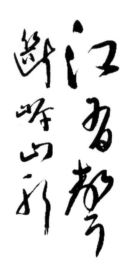

图6-103

(21) 选择"选择工具" ⊕ 按钮,将素材"005. psd"复制至文件中,"图层"面板中自动生成"图层6",如图6-104所示。选中"图层6",按下"自由变换"快捷键"Ctrl+T",调整图像大小,如图6-105所示。

图6-104

图6-105

(22) 选中"图层6",添加图层蒙版,设置图

层的混合模式为"柔光",如图 6-106 所示,完成
效果如图 6-107 所示。

图 6-106

图 6-107

6.2.3 案例小结

本案例主要特点为仿水墨画,使用墨汁在宣纸上四散的效果,背景和古琴的配合和黑白的水墨效果形成对比,若整幅作品都以彩色图像构成难免会显得杂乱,而这幅作品中的竹子部分和背景部分则采用了比较暗的颜色效果,平衡了整体色彩,给人舒服的视觉感受。

6.3 水波纹理特效

水波纹理的制作在纹理创作中比较常见,本节在介绍水波纹理的制作方法的同时还将注重如何能更好地体现水波质感加以诠释。

案例最终效果图:

◎ 制作时间:10 分钟

◎ 知识重点:导入图片、自由变换的应用、渐变工具

◎ 学习难度:★

6.3.1　案例分析

本实例色彩亮丽，对于颜色的应用非常大胆，通过基本图像的多种特效处理，使图像赋予了水波的效果。

6.3.2　实例操作

（1）执行"文件"→"新建"命令弹出"新建"对话框，在如图6-108所示的"新建"对话框中设置新建文件值，名称①处输入文件名称，②处分别设置文件宽度为"458"像素，高度为"389"像素，分辨率为"72"像素／英寸，颜色模式设为"RGB"模式，背景内容设置为"白色"，单击③处"确定"按钮。

图6-108

提示：

文件名称可根据个人的习惯和要求进行自定义的设置。

设置文件大小的默认单位一般为"像素"，也可更改为"cm"、"mm"等。

（2）将前景色和背景色分别设置为默认的黑白，选择"滤镜"→"渲染"→"云彩"命令，如图6-109所示，效果如图6-110所示。

图6-109

图6-110

（3）选择"滤镜"→"渲染"→"分层云彩"命令，如图6-111所示，效果如图6-112所示。

图6-111

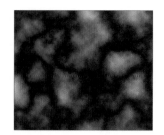

图6-112

（4）选择"滤镜"，"像素化"，"晶格化"
命令，如图6-113所示，在弹出的"晶格化"对话
框中设置具体数值，将"单元格大小"调整为"25"，
如图6-114所示，完成效果如图6-115所示。

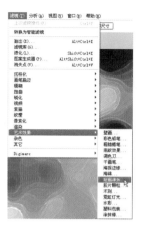

图6-116

图6-113

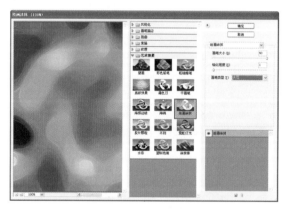

图6-117

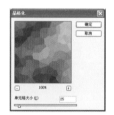

图6-114

图6-118

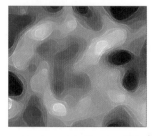

图6-115

（6）在"图层"面板中将上述步骤处理的效果
图所在图层进行复制，如图6-119所示。

（5）选择"滤镜"→"艺术效果"→"绘画涂
抹"命令，如图6-116所示，在弹出的"绘画涂抹"
对话框中设置其具体数值，设置"画笔大小"为50，
设置"锐化程度"为1，设置"画笔类型"为火花，
再预览图形变化的效果，效果满意后单击"确定"
按钮，如图6-117所示，完成效果如图6-118所示。

图6-119

（7）选择"滤镜"→"素描"→"铬黄"命令，如图6-120所示。在弹出的"铬黄渐变"对话框中设置相关参数，细节为"4"，平滑度为"0"，然后单击"确定"按钮，如图6-121所示，完成效果如图6-122所示。

图6-123

图6-120

图6-124

图6-121

（9）选择"图层"面板中的"新建图层"按钮，新建"图层1"，按"Alt+Backspace"快捷键填充，将此图层全部填充颜色，颜色设置为"C：5、M：22、Y：89、K：0"，如图6-125所示。

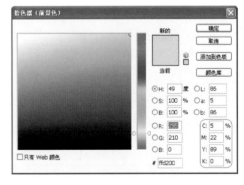

图6-125

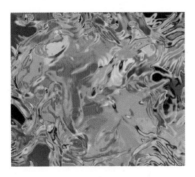

图6-122

（8）将上述步骤所绘制的图形所在的图层复制，将复制的图层的图层混合模式改为"颜色减淡"如图6-123所示，完成效果如图6-124所示。

（10）将"图层"的图层混合模式改为"柔光"，如图6-126所示，完成效果如图6-127所示。

图6-126

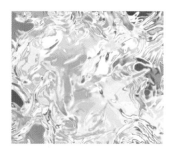

图6-127

（11）选择"图层"面板中的"新建图层"按钮，新建"图层2"，选择"渐变工具"，将新建的图层填充渐变颜色。调节其数值如图6-128所示，渐变颜色设置为"C：12、M：0、Y：83、K：0"（如图6-129所示）和"C：92、M：75、Y：0、K：0"（如图6-130所示），完成效果如图6-131所示。

图6-128

图6-129

图6-130

图6-131

（12）将填充渐变颜色的"图层2"的图层混合模式改为"柔光"，如图6-132所示，完成效果如图6-133所示。

图6-132

图6-133

（13）更改其图层的混合模式可达到不同的效

果，这里选择"颜色加深"，如图6-134所示，完
成效果如图6-135所示。

图6-134

图6-135

6.3.3　案例小结

　　本案例主要制作水波纹理，利用水波四散的效果，其中渐变的部分把水分化为两层，若整幅作品都以彩色图像构成难免会显得杂乱，而这幅作品在蓝色和黄色的衬托下，平衡了整体色彩，给人魔幻的视觉感受。

第 **7** 章　质 感 特 效

7.1　金属网状效果

金属是日常生活中会经常见到的一种材质，日常生活中常见的金属一般都具有光泽和不透明的特质，本节将带领读者使用 Photoshop 来制作具有金属光泽质感的图像。

案例最终效果图：

◎　制作时间：20 分钟

◎　知识重点：导入图片、自由变换的应
　　　　　　　用、钢笔工具、图层样式

◎　学习难度：★☆

7.1.1　案例分析

本案例在如何实现金属质感的讲解中还体现了怎样利用背景的衬托使金属的特点显现得更为真实，本案例经过多个图层和多种样式的制作，不仅达到金属的效果的表现，还制作出了金属的纹理使整个图像更具真实感。

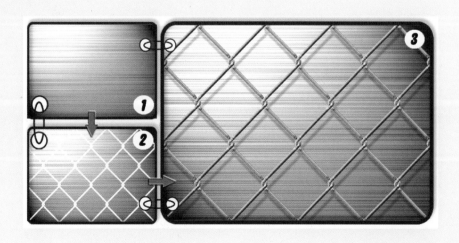

7.1.2 实例操作

（1）执行"文件"→"新建"命令弹出"新建"对话框，在如图7-1所示的"新建"对话框中设置新建文件值，名称①处输入文件名称，②处分别设置文件宽度为"965"像素／英寸，高度为"689"像素，分辨率为"350"像素／英寸，颜色模式设为"RGB"模式，背景内容设置为"白色"，单击③处"确定"按钮。

图7-1

> **提示：**
>
> 文件名称可根据个人的习惯和要求进行自定义的设置。
>
> 设置文件大小的默认单位一般为"像素"，也可更改为"cm"、"mm"等。

（2）选择"图层"面板中的"新建图层"按钮，新建"图层1"，选择"文件"→"置入"命令，如图7-2所示，在弹出的对话框中选择"光盘"→"ch07"→"001.gif"，如图7-3所示。

图7-2

图7-3

（3）选择"钢笔工具"按钮，进行如图7-4所示的绘制。

图7-4

> **提示：**
>
> 具体绘制步骤如下图。
>
>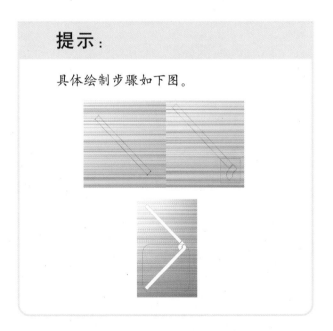

（4）在路径处单击鼠标右键，执行"建立选区"命令，将路径转化为选区，如图7-5所示，弹出"建立选区"对话框，在对话框中进行设置，如图7-6所示。

图 7-5

图 7-6

(5) 选择"图层"面板中的"新建图层" 按钮,新建"图层 2",单击"前景色" 按钮设置前景色,其颜色的具体设置为"白色",绘制图形,选中"图层 2",按"Alt+Backspace"快捷键填充,完成效果如图 7-7 所示。

图 7-7

(6) 复制"图层 2","图层"面板中自动生成"图层 2 副本",按下"自由变换"快捷键"Ctrl+T",调整图像大小,完成效果如图 7-8 所示。

(7) 复制"图层 2","图层"面板中自动生成"图层 2 副本 2",按下"自由变换"快捷键"Ctrl+T",调整图像大小,完成效果如图 7-9 所示。

图 7-8

图 7-9

(8) 重复步骤 (6),制作效果如图 7-10 所示。

图 7-10

(9) 选择"图层"面板中的"添加图层样式" 按钮,进行如下样式设置:勾选"投影",混合模式为"正片叠底",颜色为"黑色",不透明度"25",角度"110",距离"31",扩展"0",大小"5",如图 7-11 所示,完成效果如图 7-12 所示。

(10) 进行如下样式设置:勾选"斜面和浮雕",样式为"内斜面",方法"雕刻柔和",深度"120",方向"上",大小"5",软化"0",角度"120",高度"30",高光模式"滤色",不透明度"75",阴影模式"正片叠底",颜色为"黑色",不透明度"75",如图 7-13 所示,完成效果如图 7-14 所示。

(11) 进行如下样式设置,勾选"光泽",混合模式为"正片叠底",颜色为"黑色",不透明度"70",角度"102",距离"10",大小"15",如图 7-15 所示,完成效果如图 7-16 所示。

图 7-11

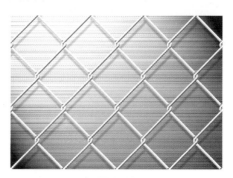

图 7-14

图 7-12

图 7-15

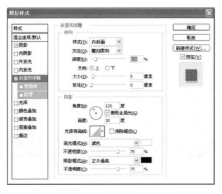

图 7-13

图 7-16

7.1.3 案例小结

本案例主要特点为金属质感,表现出背景的钢铁材质,配合颜色突出金属的原素,这幅作品材质的装饰部分同样采用了金属的光泽,为表现金属的真实感起到了很大的作用。

7.2　塑料材质效果

塑料的用途很广泛，几乎是处处可见的一种材料，但是常见的塑料的形状，颜色都有其局限性，本节制作的塑料材质打破了以往塑料形状的局限性，制作出塑料如水般吸附在金属上的效果。

案例最终效果图：

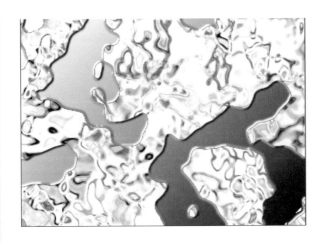

◎　制作时间：10 分钟

◎　知识重点：魔棒工具、滤镜、渐变、色
阶、亮度对比度

◎　学习难度：★☆

7.2.1　案例分析

本案例制作的是塑料材质的效果，制作了将塑料嵌在金属板上的效果，打破了一般日常生活中常见塑料的形状，以一种不规则的形态来表现塑料的材质。

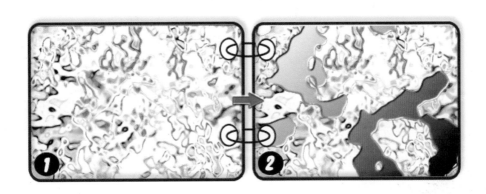

7.2.2 实例操作

(1) 执行"文件"→"新建"命令弹出"新建"对话框，在如图 7-17 所示的"新建"对话框中设置新建文件值，名称①处输入文件名称，②处分别设置文件宽度为"965"像素，高度为"689"像素，分辨率为"350″"像素／英寸，颜色模式设为"RGB"模式，背景内容设置为"白色"，单击③处"确定"按钮。

图 7-19

图 7-17

图 7-20

提示：

文件名称可根据个人的习惯和要求进行自定义的设置。

设置文件大小的默认单位一般为"像素"，也可更改为"cm"、"mm"等。

---

(2) 选择"图层"面板中"新建图层"按钮，新建"图层 1"，选择"渐变工具"按钮，单击"前景色"按钮设置前景色，其颜色的具体设置为"C：71、M：63、Y：60、K：14"，如图 7-18 所示，属性设置为如图 7-19 所示，完成效果如图 7-20 所示。

(3) 选择"滤镜"→"像素化"→"晶格化"命令，如图 7-21 所示，在弹出的"晶格化"对话框中进行设置，单元格大小"170"，如图 7-22 所示，完成效果如图 7-23 所示。

图 7-21

图 7-18

图 7-22

图 7-23

（4）选择"滤镜"→"素描"→"塑料效果"，如图 7-24 所示，在弹出的"塑料效果"对话框中进行设置，图像平衡"40"，平滑度"2"，光照"左上"，如图 7-25 所示，完成效果如图 7-26 所示。

图 7-24

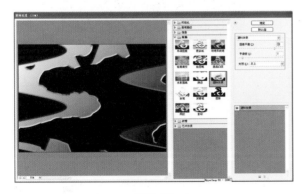

图 7-25

图 7-26

（5）选择"图层"面板中"新建图层"按钮，新建"图层2"，选择"滤镜"→"渲染"→"云彩"命令，如图 7-27 所示，完成效果如图 7-28 所示。

图 7-27

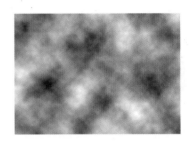

图 7-28

（6）选择"滤镜"→"素描"→"铬黄"命令，如图 7-29 所示，在弹出的"铬黄渐变"对话框中进行设置，细节"1"，平滑度"10"，如图 7-30 所示，完成效果如图 7-31 所示。

图 7-29

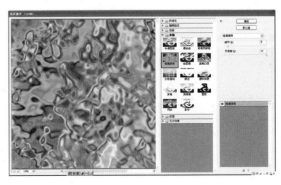

图 7-30

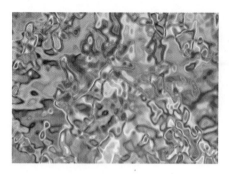

图 7-31

图 7-34

(7) 选择"图像"→"调整"→"亮度对比度"命令,如图 7-32 所示,在弹出的"亮度／对比度"对话框中进行设置,亮度"+36",对比度"+12",如图 7-33 所示。

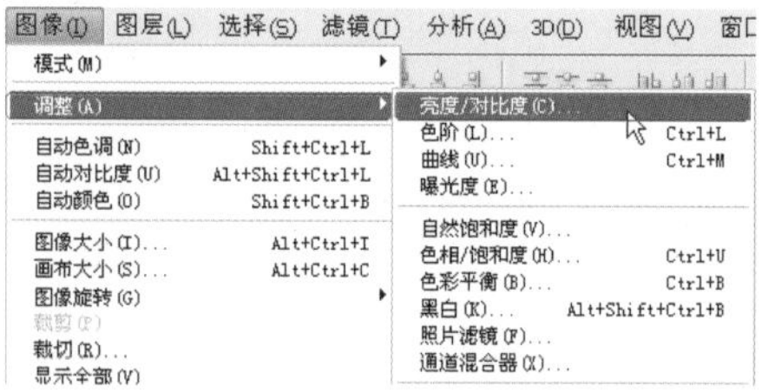

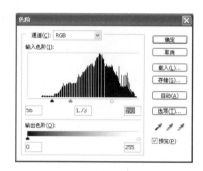

图 7-35

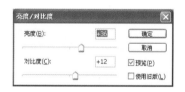

图 7-32

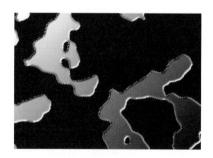

图 7-36

图 7-33

(8) 选中"图层 2",选择"图像"→"调整"→"色阶"命令,如图 7-34 所示,在弹出的"色阶"对话框中设置为 56、1.73、193,如图 7-35 所示。选择"魔棒工具"按钮,选中图层中的黑色部分,如图 7-36 所示,按"Delete"键删除,如图7-37 所示。

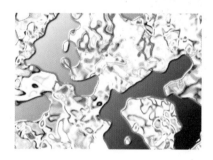

图 7-37

7.2.3 案例小结

本案例主要特点为塑料质感,表现背景的塑料材质,配合颜色突出塑料的原素,材质的装饰部分采用了塑料的光泽和设计塑料的如水的状态是这幅作品的亮点。

7.3   布质材质效果

　　传统意义上的布艺，即指布上的艺术，是中国民间工艺中一朵瑰丽的奇葩。是以布为原料，集民间剪纸、刺绣、制作工艺为一体的综合艺术。这些日常生活用品不仅美观大方，而且增强了布料的强度和耐磨能力。到了现在，布艺又有了另一种含义，即以布为主料，经过艺术加工，达到一定的艺术效果，满足人们的生活需求的制品。本节中将要制作的案例就是使用Photoshop既将布质材质效果制作出来，又将它升级为一款艺术品。

　　案例最终效果图：

◎　　制作时间：10 分钟

◎　　知识重点：魔棒工具、滤镜、渐变、钢笔工具、图层蒙版

◎　　学习难度：★☆

7.3.1   案例分析

　　本实例具有布质质感，将布料作为背景，衬托绿叶和文字，感觉是画在布上的图案，案例以绿色为主色调，透着春天的气息。

7.3.2 实例操作

(1) 执行〝文件〞→〝新建〞命令弹出〝新建〞对话框，在如图7-38所示的〝新建〞对话框中设置新建文件值，名称①处输入文件名称，②处分别设置文件宽度为〝1024〞像素，高度为〝768〞像素，分辨率为〝305〞像素／英寸，颜色模式设为〝RGB〞模式，背景内容设置为〝白色〞，单击③处〝确定〞按钮。

图7-38

提示：

文件名称可根据个人的习惯和要求进行自定义的设置。

设置文件大小的默认单位一般为〝像素〞，也可更改为〝cm〞、〝mm〞等。

(2) 选择〝图层〞面板中〝创建新图层〞按钮，新建〝图层1〞，选择〝渐变工具〞按钮，选择〝线性渐变〞按钮，添加渐变，如图7-39所示，渐变颜色设置为〝C：54、M：0、Y：100、K：0〞（如图7-40所示）和〝C：23、M：0、Y：81、K：0〞（如图7-41所示）。

图7-39

图7-40

图7-41

(3) 选择〝滤镜〞→〝纹理〞→〝纹理化〞命令，如图7-42所示，在弹出的〝纹理化〞对话框中进行设置，纹理〝粗麻布〞，缩放〝112〞，凸现〝16〞，光照〝左下〞，如图7-43所示。

图7-42

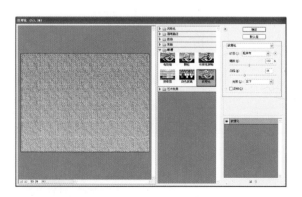

图7-43

（4）选择"滤镜"→"艺术效果"→"粗糙蜡笔"命令，如图7-44所示，在弹出的"粗糙蜡笔"对话框中进行设置，描边长度"2"，描边细节"2"，纹理"画布"，缩放"113"，凸现"25"，光照"右下"，如图7-45所示。

图7-44

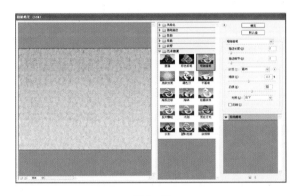

图7-45

（5）选择"图像"→"调整"→"曲线"命令，如图7-46所示，在弹出的"曲线"对话框中进行设置，输出"153"，输入"90"，如图7-47所示，完成效果如图7-48所示。

图7-46

（6）打开素材"文件"→"打开"→"光盘"→"ch07"→"001.gif"，如图7-49所示。

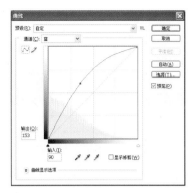

图7-47

图7-48

图7-49

提示：

打开已有素材文件时，可直接在Photoshop界面的空白处双击，快速打开"打开文件"对话框。

（7）选择"选择工具"按钮，将素材"001.gif"复制至文件中，"图层"面板中自动生成"图层2"，如图7-50所示。选中"图层2"，按下"自由变换"快捷键"Ctrl+T"，调整图像大小，如图7-51所示。

（8）选中"图层2"，选择"图层"面板中的"添加矢量蒙版"按钮，选择"渐变工具"按钮，为"图层2"添加图层蒙版，如图7-52所示，完成效果如图7-53所示。

图7-50　　　　　　　图7-51

图7-52　　　　　　　图7-53

提示：

渐变属性设置如下图所示。

（9）选择"钢笔工具"按钮，绘制如图7-54所示的路径。

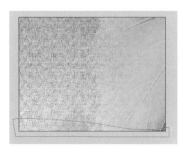

图7-54

（10）在路径处单击鼠标右键，执行"建立选区"命令，将路径转化为选区，如图7-55所示，弹出"建立选区"对话框，在对话框中进行设置，如图7-56所示。

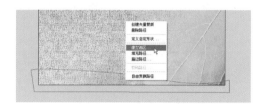

图7-55

图7-56

（11）选择"图层"面板中"创建新图层"按钮，新建"图层3"，单击"前景色"按钮设置前景色，其颜色的具体设置为"C：21、M：0、Y：88、K：0"，如图7-57所示，按"Alt+Backspace"快捷键进行前景色填充，完成效果如图7-58所示。

图7-57

图7-58

(12) 打开素材"文件"→"打开"→"光盘"
→"ch07"→"002.gif",如图7-59所示。

图7-59

提示：

打开已有素材文件时,可直接在Photoshop
界面的空白处双击,快速打开"打开文件"对
话框。

(13) 选择"选择工具" 按钮,将素材"002.
gif"复制至文件中,"图层"面板中自动生成"图
层4",如图7-60所示。选中"图层4",按下"自
由变换"快捷键"Ctrl+T",调整图像大小,如图
7-61所示。

图7-60

图7-61

(14) 右击"图层4",选择"创建剪贴蒙版"命
令,如图7-62所示,完成后"图层"面板中显示
如图7-63所示,完成效果如图7-64所示。

图7-62

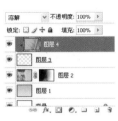

图7-63

图7-64

(15) 打开素材"文件"→"打开"→"光盘"
→"ch07"→"003.gif",如图7-65所示。

图7-65

(16) 选择"选择工具" 按钮,将素材"003.
gif"复制至文件中,"图层"面板中自动生成"图
层5",设置图层的混合模式为"正片叠底",如图
7-66所示。选中"图层5",按下"自由变换"快
捷键"Ctrl+T",调整图像大小,如图7-67所示。

图 7-66

图 7-67

（17）打开素材"文件"→"打开"→"光盘"
→"ch07"→"004.gif"，如图 7-68 所示。

图 7-68

（18）选择"选择工具" 按钮，将素材"004.
gif"复制至文件中，"图层"面板中自动生成"图
层 6"，设置图层的混合模式为"正片叠底"，如图
7-69 所示。选中"图层 6"，按下"自由变换"快
捷键"Ctrl+T"，调整图像大小，如图 7-70 所示。

图 7-69

图 7-70

（19）选择"魔棒工具" 按钮，选中图层中的
文字部分，如图 7-71 所示。单击"前景色" 按钮
设置前景色，其颜色的具体设置为"C：80、M：62、
Y：100、K：39"，如图 7-72 所示，按"Alt+Backspace"
快捷键完成前景色填充，设置图层的混合模式为
"正片叠底"，如图 7-73 所示，完成效果如图 7-74
所示。

图 7-71   图 7-72

图 7-73

图 7-74

7.3.3 案例小结

本案例主要特点为布质质感，不但表现出背景的布质材质，还配合颜色突出布料的原素，这幅作品材质的装饰部分采用了绿叶，平衡了整体色彩，给人清爽的视觉感受。

7.4 油画材质效果

油画颜料的厚重感和极强的可塑性是其他画种无法比拟的，它的这种特性使油画在观感上能产生出与人们思想情感共振的节奏与力度。在运笔的作用下，塑造不单是完成造型的任务，而且也对画面的肌理效果产生直接的影响。本节中将要制作一幅以油画材质效果为主体的效果图。

案例最终效果图：

◎ 制作时间：20 分钟

◎ 知识重点：画笔工具、滤镜、文字工具、
图层样式

◎ 学习难度：★☆

7.4.1 案例分析

本实例有油画质感，以黄色作为背景，突出了绿色的涂鸦效果，整幅作品既呈现出了油画的质感，又给人以街头涂鸦的随性感。

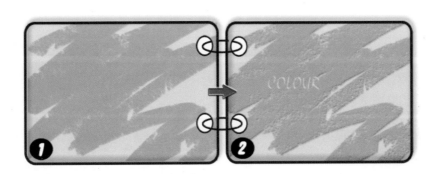

7.4.2　实例操作

（1）执行"文件"→"新建"命令弹出"新建对话框"，在如图7-75所示的"新建"对话框中设置新建文件值，名称①处输入文件名称，②处分别设置文件宽度为"965"像素，高度为"689"像素，分辨率为"350"像素／英寸，颜色模式设为"RGB"模式，背景内容设置为"白色"，单击③处"确定"按钮。

图 7-75

提示：

文件名称可根据个人的习惯和要求进行自定义的设置。

设置文件大小的默认单位一般为"像素"，也可更改为"cm"、"mm"等。

（2）选择"图层"面板中"创建新图层"按钮，新建"图层1"，单击"前景色"按钮设置前景色，其颜色的具体设置为"C：7、M：7、Y：81、K：0"，如图7-76所示，按"Alt+Backspace"快捷键完成前景色填充，完成效果如图7-77所示。

图 7-76

图 7-77

（3）选择"图层"面板中"创建新图层"按钮，新建"图层2"，单击"前景色"按钮设置前景色，其颜色的具体设置为"C：59、M：0、Y：95、K：0"，如图7-78所示。选择"画笔工具"按钮，导入笔刷如图7-79所示，属性设置如图7-80所示，绘制如图7-81所示的图像。

图 7-78

图 7-79　　　　　　图 7-80

图 7-81

（4）选择"图层"面板中的"添加图层样式"
fx 按钮，设置图层样式，勾选"投影"，混合模式
"正片叠底"，不透明度为"30"，角度"120"，距
离"5"，扩展"0"，大小"5"，如图 7-82 所示，完
成效果如图 7-83 所示。

图 7-85

图 7-82

（6）选择"横排文字工具"T.按钮，属性设置
如图 7-86 所示，颜色设置为"C：7、M：7、Y：81、
K：0"，如图 7-87 所示，完成效果如图 7-88 所示。

图 7-86

图 7-83

（5）进行如下样式设置，勾选"斜面和浮雕"，
样式为"内斜面"，方法"平滑"，深度"100"，方
向"上"，大小"5"，软化"0"，角度"120"，高度
"30"，高光模式"滤色"，不透明度"75"，阴影模
式"正片叠底"，颜色为"黑色"，不透明度"30"，
如图 7-84 所示，完成效果如图 7-85 所示。

图 7-87

图 7-88

图 7-84

（7）选中"文字图层"，选择"图层"面板中的
"添加图层样式"fx 按钮，设置图层样式，勾选"内
阴影"，混合模式"正片叠底"，不透明度"30"，角
度"120"，距离"5"，阻塞"0"，大小"5"，如图
7-89 所示，完成效果如图 7-90 所示。

213

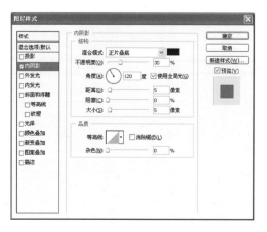

图 7—89

图 7—90

7.4.3　案例小结

本案例主要特点为油漆质感，不但表现出背景的油漆材质，还配合颜色突出油漆的原素，这幅作品材质的装饰部分采用了文字，给人以色彩亮丽的视觉感受。

7.5　石质材质效果

石质材一般指由大岩体遇外力而脱落下来的小型岩体，多依附于大岩体表面，一般成块状或椭圆形，外表有的粗糙，有的光滑，质地坚固、脆硬。本节将介绍如何通过多种样式的制作和图像的处理，制作出石质的效果。

案例最终效果图：

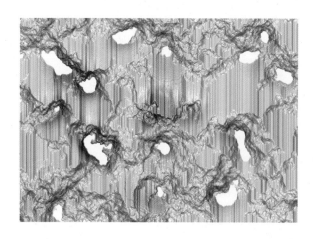

◎　制作时间：10 分钟

◎　知识重点：滤镜、色阶、图层混合样式

◎　学习难度：★☆

7.5.1　案例分析

本实例为石质质感，整幅作品犹如精雕细琢的艺术品，以石头的纹理表现这样的形状颇有几分艺术感。

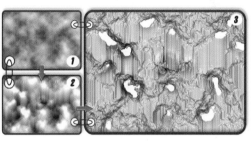

7.5.2　实例操作

（1）执行"文件"→"新建"命令弹出"新建"对话框，在如图 7-91 所示的"新建"对话框中设置新建文件值，名称①处输入文件名称，②处分别设置文件宽度为"965"像素，高度为"689"像素，分辨率为"350"像素/英寸，颜色模式设为"RGB"模式，背景内容设置为"白色"，单击③处"确定"按钮。

图 7-91

提示：

文件名称可根据个人的习惯和要求进行自定义的设置。

设置文件大小的默认单位一般为"像素"，也可更改为"cm"、"mm"等。

（2）选择"图层"面板中"创建新图层" 按钮，新建"图层 1"，选择"滤镜"→"渲染"→"云彩"命令，如图 7-92 所示，完成效果如图 7-93 所示。

图 7-92

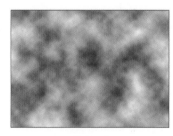

图 7-93

（3）选择"图像"→"调整"→"自动色阶"命令，如图 7-94 所示，完成效果如图 7-95 所示。

图 7-94

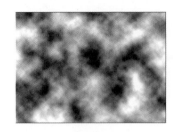

图 7—95

（4）选择〝图像〞→〝旋转画布〞→〝90 度（逆时针）〞命令，如图 7—96 所示，完成效果如图 7—97 所示。

图 7—96　　　　　　图 7—97

（5）选择〝滤镜〞→〝风格化〞→〝风〞命令，如图 7—98 所示，在弹出的〝风〞对话框中进行设置，如图 7—99 所示，完成效果如图 7—100 所示。

图 7—98

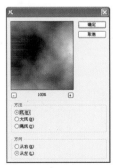 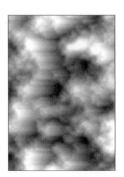

图 7—99　　　　　　图 7—100

（6）选择〝图像〞→〝旋转画布〞→〝90 度（顺时针）〞命令，如图 7—101 所示，完成效果如图 7—102 所示。

图 7—101

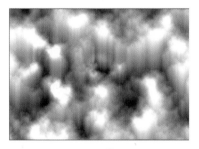

图 7—102

（7）选择〝图像〞→〝调整〞→〝曲线〞命令，如图 7—103 所示，在弹出的〝曲线〞对话框中进行设置，输出〝144〞，输入〝119〞，如图 7—104 所示，完成效果如图 7—105 所示。

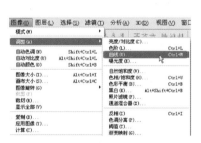

图 7—103

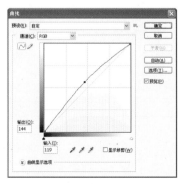

图 7—104

图 7-105

（8）选择"滤镜"→"风格化"→"查找边缘"命令，如图7-106所示，完成效果如图7-107所示。

图 7-106

图 7-107

（9）选中"图层1"，选择"图像"→"调整"→"色阶"命令，如图7-108所示，在弹出的"色阶"对话框中设置为136、0.35、255，如图7-109所示。

（10）选择"图层"面板中"创建新图层"![按钮图标]按钮，新建"图层2"，单击"前景色"![图标]按钮设置前景色，其颜色的具体设置为"C：15、M：25、Y：44、K：0"，如图7-110所示，按"Alt+Backspace"快捷键完成前景色填充，设置图层的混合模式为

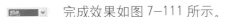
完成效果如图 7-111 所示。

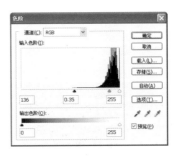

图 7-108

图 7-109

图 7-110

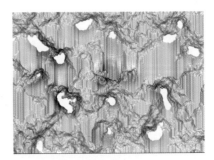

图 7-111

7.5.3 案例小结

本案例主要特点为体现石质材质感，不但表现出背景的石质材质，还配合颜色突出石质材质的原素，这幅作品材质没有装饰部分，干净整洁，给人以色彩亮丽的视觉感受。

第 **8** 章 文字特效

8.1 涂鸦文字特效

涂鸦——graffiti，起源于 1966 年美国的费城和宾夕法尼亚州（Pennsylvania）。开始时，graffiti 没有 piece 的概念，只是简单的写 tag 等，而这些 graffiti writers（涂鸦者）的 tag 除了是自己的绰号就有自家门牌号之类，直到 1971–1974 年，才有越来越多的 writers 开始在字型，效果上钻研。

案例最终效果图：

◎ 制作时间：10 分钟

◎ 知识重点：导入图片、自由变换的应用、横排文字工具、创建文字变形

◎ 学习难度：☆

8.1.1 案例分析

本实例灵活地将涂鸦艺术体现在文字上，与背景图案完美结合，使用 Photoshop 替代了现实生活中的喷漆瓶作为渲染情绪的画笔，表达自己的看法和立场，以及对生活的憧憬和向往。具现代感，同时整体风格动感十足，赋予了现代、抽象的效果。

8.1.2 实例操作

（1）执行"文件"→"新建"命令弹出"新建"对话框，在如图8-1所示的"新建"对话框中设置新建文件值，名称①处输入文件名称，②处分别设置文件宽度为"1700"像素，高度为"2200"像素，分辨率为"300"像素／英寸，颜色模式设为"RGB"模式，背景内容设置为"白色"，单击③处"确定"按钮。

图8-1

> **提示：**
>
> 文件名称可根据个人的习惯和要求进行自定义的设置。
>
> 设置文件大小的默认单位一般为"像素"，也可更改为"cm"、"mm"等。

（2）打开素材"文件"→"打开"→"光盘"→"ch08"→"001.psd"，如图8-2所示。

图8-2

> **提示：**
>
> 打开已有素材文件时，可直接在Photoshop界面的空白处双击，快速打开"打开文件"对话框。

（3）选择"选择工具" 按钮，将素材"001.psd"复制至文件中，"图层"面板中自动生成"图层1"，如图8-3所示，选中"图层1"，按下"自由变换"快捷键"Ctrl+T"，调整图像大小，如图8-4所示。

图8-3

图8-4

（4）选择"图像"→"调整"→"色彩平衡"命令，如图8-5所示，在弹出的"色彩平衡"对话框中进行设置，色阶"-24、+87、+26"，色调平衡勾选"中间调"，如图8-6所示，完成效果如图8-7所示。

图8-5

图8-6

图8-10

图8-7

（5）打开素材"文件"→"打开"→"光盘"
→"ch08"→"002.psd"，如图8-8所示。

图8-8

（6）选择"选择工具" 按钮，将素材"002.
psd"复制至文件中，"图层"面板中自动生成"图
层2"，如图8-9所示。选中"图层2"，按下"自
由变换"快捷键"Ctrl+T"，调整图像大小，如图
8-10所示。

图8-9

提示：

这里采用图片导入的方法制作涂鸦画效果，
这个效果也可以采用绘制的方法完成：

1）选择"矩形选框工具" 建立矩形选区，
如下图所示。

2）按"自由变换"快捷键"Ctrl+T"调整
为如下图所示。

3）选择"橡皮擦工具" 或"画笔工具"
绘制如下图所示。

4）绘制完成之后将图层导入文件中，如下
图所示。

(7) 选择"横排文字工具" **T.** 按钮，字体设置为"华康海报体"，字体大小"48 点"，如图 8-11 所示，输入文字如图 8-12 所示。

图 8-11

图 8-12

(8) 选择"创建文字变形" **工** 按钮，单击后弹出"变形文字"对话框，在对话框中进行设置，样式选择为"旗帜"，勾选"水平"选项，弯曲"+50"，水平扭曲"-42"，垂直扭曲"0"，如图 8-13 所示，完成效果如图 8-14 所示。

图 8-13

图 8-14

(9) 选择"横排文字工具" **T.** 按钮，字体设置为"华康海报体"，字体大小"48 点"，如图 8-15 所示，输入文字如图 8-16 所示。

图 8-15

图 8-16

(10) 选择"创建文字变形" **工** 按钮，单击后弹出"变形文字"对话框，在对话框中进行设置，样式选择为"旗帜"，勾选"水平"选项，弯曲"-44"，水平扭曲"+5"，垂直扭曲"+20"，如图 8-17 所示，完成效果如图 8-18 所示。

图 8-17

图 8-18

8.1.3 案例小结

本案例主要特点为制作涂鸦文字，背景的现代风格再配合颜色突出的文字，这幅作品材质的装饰部分采用了人物和建筑物，平衡了整体色彩，给人现代动感的视觉感受。

8.2 游戏文字

游戏文字其实一种泛称，应该理解为随着游戏的发展，在游戏中广泛使用的各种卡通、像素或者有质感的高亮度文字，Photoshop 也是处理这样的文字的高手。

案例最终效果图：

◎　制作时间：20 分钟

◎　知识重点：钢笔工具、自由变换的应用、
　　　图层样式

◎　学习难度：★☆

8.2.1 案例分析

本节中的游戏文字选择简单的黑色背景，并使用荧光颜色营造出清新活泼的主流风格，简单的处理就渗透出青春活力的气息。文字清新明快，吸引读者对游戏产生浓厚的兴趣。

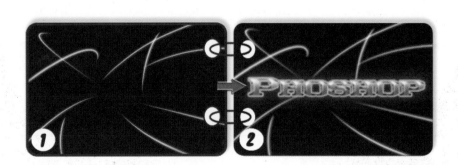

8.2.2 实例操作

（1）执行"文件"→"新建"命令弹出"新建"对话框，在如图8-19所示的"新建"对话框中设置新建文件值，名称①处输入文件名称，②处分别设置文件宽度为"1300"像素，高度为"820"像素，分辨率为"300"像素／英寸，颜色模式设为"RGB"模式，背景内容设置为"白色"，单击③处"确定"按钮。

图8-19

> **提示：**
>
> 文件名称可根据个人的习惯和要求进行自定义的设置。
>
> 设置文件大小的默认单位一般为"像素"，也可更改为"cm"、"mm"等。

（2）选择"钢笔工具" 按钮，配合"点转换工具" 按钮，绘制如图8-20所示路径，绘制完成"图层"面板中自动生成"形状1"，如图8-21所示。

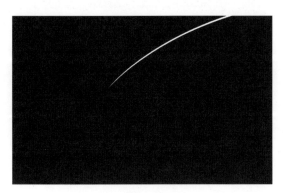

图8-20

图8-21

（3）选中"形状1"，选择"图层"面板中的"添加图层样式" 按钮，弹出"图层样式"对话框，在对话框中进行设置，勾选"外发光"选项，混合模式设置为"滤色"，不透明度"100"，杂色"0"，颜色设置为"C：40、M：83、Y：0、K：0"（如图8-22所示），方法"柔和"，拓展"4"，大小"18"，等高线"高斯分布"，范围"50"，抖动"0"，如图8-23所示。

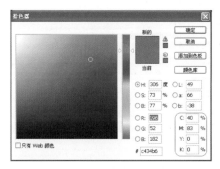

图8-22

图8-23

（4）勾选"内发光"，混合模式设置为"滤色"，不透明度"75"，杂色"0"，颜色设置为"C：40、M：83、Y：0、K：0"（如图8-24所示），方法"柔和"，阻塞"0"，大小"5"，等高线"线性"，范围"50"，抖动"0"，如图8-25所示。

图 8-24

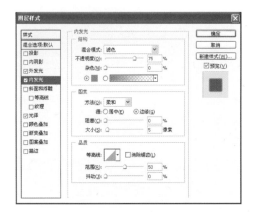

图 8-25

（5）勾选"光泽"，混合模式设置为"正片叠底"，颜色设置为"白色"，不透明度"40"，角度"19"，距离"11"，大小"14"，等高线"高斯分布"，如图 8-26 所示。

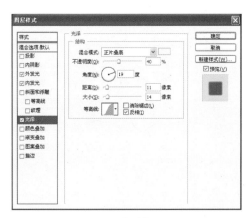

图 8-26

（6）选择"钢笔工具"按钮，配合"点转换工具"按钮，绘制如图 8-27 所示路径，绘制完成"图层"面板中自动生成"形状 2"，如图 8-28 所示。

（7）选中"形状 2"，选择"图层"面板中的"添加图层样式"按钮，弹出"图层样式"对话框，在

对话框中进行设置，勾选"外发光"选项，混合模式设置为"滤色"，不透明度"80"，杂色"0"，颜色设置为"C：40、M：83、Y：0、K：0"（如图 8-29 所示），方法"柔和"，扩展"4"，大小"18"，等高线"高斯分布"，范围"50"，抖动"0"，如图 8-30 所示。

图 8-27

图 8-28

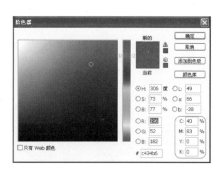

图 8-29

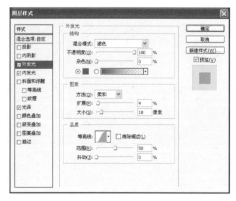

图 8-30

(8) 勾选"内发光",混合模式设置为"滤色",不透明度"75",杂色"0",颜色设置为"C：40、M：83、Y：0、K：0"(如图8—31所示),方法"柔和",阻塞"0",大小"5",等高线"线性",范围"50",抖动"0",如图8—32所示。

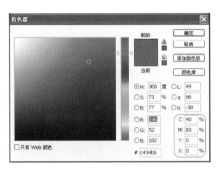

图8—31

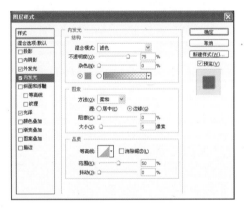

图8—32

(9) 勾选"光泽",混合模式设置为"正片叠底",颜色设置为"白色",不透明度"40",角度"19",距离"11",大小"14",等高线"高斯分布",如图8—33所示。

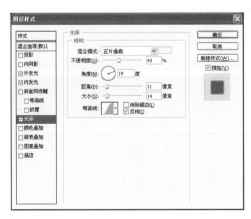

图8—33

(10) 选择"钢笔工具"按钮,配合"点转换工具"按钮,绘制如图8—34所示路径,绘制完成"图层"面板中自动生成"形状3",如图8—35所示。

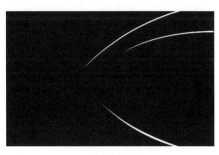

图8—34

图8—35

(11) 选中"形状3",选择"图层"面板中的"添加图层样式"按钮,弹出"图层样式"对话框,在对话框中进行设置,勾选"外发光"选项,混合模式设置为"滤色",不透明度"100",杂色"0",颜色设置为"C：40、M：83、Y：0、K：0"(如图8—36所示),方法"柔和",扩展"4",大小"18",等高线"高斯分布",范围"50",抖动"0",如图8—37所示。

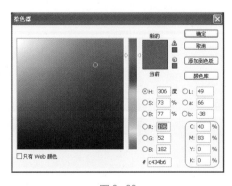

图8—36

(12) 勾选"内发光",混合模式设置为"滤色",不透明度"75",杂色"0",颜色设置为"C：40、M：83、Y：0、K：0"(如图8—38所示),方法"柔

和＂，阻塞＂0＂，大小＂5＂，等高线＂线性＂，范围
＂50＂，抖动＂0＂，如图8-39所示。

图8-37

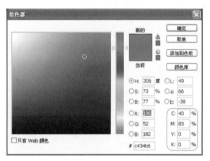

图8-38

图8-39

（13）勾选＂光泽＂，混合模式设置为＂正片叠
底＂，颜色设置为＂白色＂，不透明度＂40＂，角度
＂19＂，距离＂11＂，大小＂14＂，等高线＂高斯分布＂，
如图8-40所示。

（14）选择＂钢笔工具＂ 按钮，配合＂点转换
工具＂ 按钮，绘制如图8-41所示路径，绘制完成
＂图层＂面板中自动生成＂形状4＂，如图8-42所示。

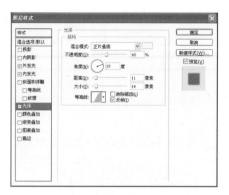

图8-40

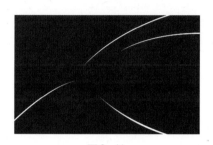

图8-41

图8-42

（15）选中＂形状4＂，选择＂图层＂面板中的
＂添加图层样式＂ 按钮，弹出＂图层样式＂对话框，
在对话框中进行设置，勾选＂外发光＂选项，混合
模式设置为＂滤色＂，不透明度＂100＂，杂色＂0＂，
颜色设置为＂C：40、M：83、Y：0、K：0＂（如图
8-43所示），方法＂柔和＂，扩展＂4＂，大小＂18＂，
等高线＂高斯分布＂，范围＂50＂，抖动＂0＂，如图
8-44所示。

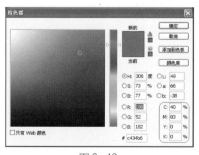

图8-43

图 8-44

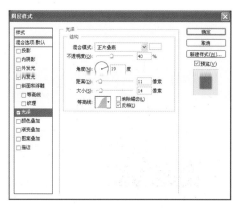

图 8-47

（16）勾选"内发光"，混合模式设置为"滤色"，不透明度"75"，杂色"0"，颜色设置为"C：40、M：83、Y：0、K：0"（如图 8-45 所示），方法"柔和"，阻塞"0"，大小"5"，等高线"线性"，范围"50"，抖动"0"，如图 8-46 所示。

（18）选择"钢笔工具"按钮，配合"点转换工具"按钮，绘制如图 8-48 所示路径，绘制完成"图层"面板中自动生成"形状 5"，如图 8-49 所示。

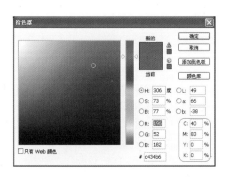

图 8-45

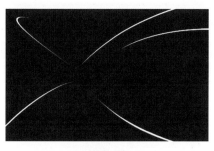

图 8-48

图 8-46

图 8-49

（19）选中"形状 5"，选择"图层"面板中的"添加图层样式"按钮，弹出"图层样式"对话框，在对话框中进行设置，勾选"外发光"选项，混合模式设置为"滤色"，不透明度"100"，杂色"0"，颜色设置为"C：40、M：83、Y：0、K：0"，如图 8-50 所示，方法"柔和"，扩展"4"，大小"18"，等高线"高斯分布"，范围"50"，抖动"0"，如图 8-51 所示。

（20）勾选"内发光"，混合模式设置为"滤色"，不透明度"75"，杂色"0"，颜色设置为"C：40、M：83、Y：0、K：0"（如图 8-52 所示），方法"柔

（17）勾选"光泽"，混合模式设置为"正片叠底"，颜色设置为"白色"，不透明度"40"，角度"19"，距离"11"，大小"14"，等高线"高斯分布"，如图 8-47 所示。

和"，阻塞"0"，大小"5"，等高线"线性"，范围"50"，抖动"0"，如图8-53所示。

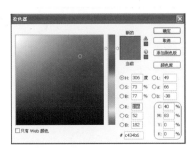

图8-50

图8-51

图8-52

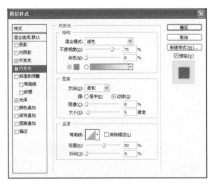

图8-53

(21) 勾选"光泽"，混合模式设置为"正片叠底"，颜色设置为"白色"，不透明度"40"，角度

"19"，距离"11"，大小"14"，等高线"高斯分布"，如图8-54所示。

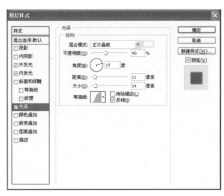

图8-54

(22) 选择"图层"面板中的"新建组" 按钮，新建"组1"，选中"形状1"至"形状5"拖拽至"组1"中，如图8-55所示，完成以上的步骤，效果如图8-56所示。

图8-55

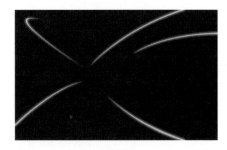

图8-56

(23) 选择"钢笔工具" 按钮，配合"点转换工具" 按钮，绘制如图8-57所示路径，绘制完成"图层"面板中自动生成"形状6"，如图8-58所示。

(24) 选中"形状6"，选择"图层"面板中的"添加图层样式" 按钮，弹出"图层样式"对话框，在对话框中进行设置，勾选"外发光"选项，混合模式设置为"滤色"，不透明度"100"，杂色"0"，颜色设置为"C：76、M：45、Y：13、K：0"（如图8-59所示），方法"柔和"，扩展"4"，大小"18"，等高线"高斯分布"，范围"50"，抖动"0"，如图8-60所示。

图8-57

图8-58

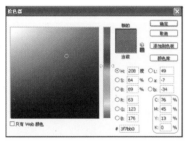

图8-59

图8-60

（25）勾选"内发光"，混合模式设置为"滤色"，不透明度"100"，杂色"0"，颜色设置为"C：76、M：45、Y：13、K：0"（如图8-61所示），方法"柔

和"，阻塞"0"，大小"5"，等高线"线性"，范围"50"，抖动"0"，如图8-62所示。

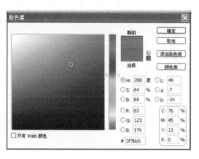

图8-61

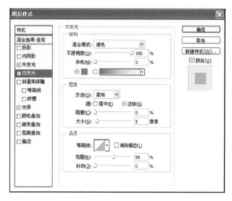

图8-62

（26）勾选"光泽"，混合模式设置为"正片叠底"，颜色设置为"白色"，不透明度"40"，角度"19"，距离"11"，大小"14"，等高线"高斯分布"，如图8-63所示。

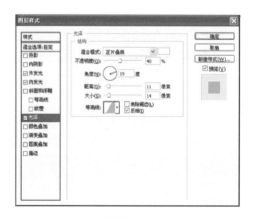

图8-63

（27）选择"钢笔工具" 按钮，配合"点转换工具" 按钮，绘制如图8-64所示路径，绘制完成"图层"面板中自动生成"形状7"，如图8-65所示。

图8-64

图8-65

（28）选中"形状7"，选择"图层"面板中的"添加图层样式"按钮，弹出"图层样式"对话框，在对话框中进行设置，勾选"外发光"选项，混合模式设置为"滤色"，不透明度"100"，杂色"0"，颜色设置为"C：76、M：45、Y：13、K：0"（如图8-66所示），方法"柔和"，扩展"4"，大小"18"，等高线"高斯分布"，范围"50"，抖动"0"，如图8-67所示。

图8-66

图8-67

（29）勾选"内发光"，混合模式设置为"滤色"，不透明度"100"，杂色"0"，颜色设置为"C：76、M：45、Y：13、K：0"（如图8-68所示），方法"柔和"，阻塞"0"，大小"5"，等高线"线性"，范围"50"，抖动"0"，如图8-69所示。

图8-68

图8-69

（30）勾选"光泽"，混合模式设置为"正片叠底"，颜色设置为"白色"，不透明度"40"，角度"19"，距离"11"，大小"14"，等高线"高斯分布"，如图8-70所示。

图8-70

（31）选择"钢笔工具"按钮，配合"点转换工具"按钮，绘制如图8-71所示路径，绘制完成"图层"面板中自动生成"形状8"，如图8-72所示。

图 8-71

图 8-72

（32）选中"形状8"，选择"图层"面板中的"添加图层样式" fx 按钮，弹出"图层样式"对话框，在对话框中进行设置，勾选"外发光"选项，混合模式设置为"滤色"，不透明度"100"，杂色"0"，颜色设置为"C：76、M：45、Y：13、K：0"（如图8-73所示），方法"柔和"，扩展"4"，大小"18"，等高线"高斯分布"，范围"50"，抖动"0"，如图8-74所示。

图 8-73

图 8-74

（33）勾选"内发光"，混合模式设置为"滤色"，

不透明度"100"，杂色"0"，颜色设置为"C：76、M：45、Y：13、K：0"（如图8-75所示），方法"柔和"，阻塞"0"，大小"5"，等高线"线性"，范围"50"，抖动"0"，如图8-76所示。

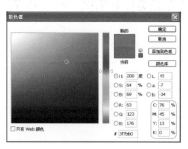

图 8-75

图 8-76

（34）勾选"光泽"，混合模式设置为"正片叠底"，颜色设置为"白色"，不透明度"40"，角度"19"，距离"11"，大小"14"，等高线"高斯分布"，如图8-77所示。

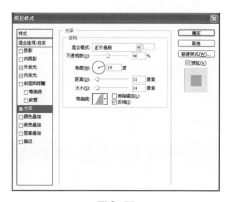

图 8-77

（35）选择"钢笔工具"按钮，配合"点转换工具"按钮，绘制如图8-78所示路径，绘制完成"图层"面板中自动生成"形状9"，如图8-79所示。

图8-78

图8-79

(36) 选中"形状9"，选择"图层"面板中的"添加图层样式" fx 按钮，弹出"图层样式"对话框，在对话框中进行设置，勾选"外发光"选项，混合模式设置为"滤色"，不透明度"100"，杂色"0"，颜色设置为"C：76、M：45、Y：13、K：0"（如图8-80所示），方法"柔和"，扩展"4"，大小"18"，等高线"高斯分布"，范围"50"，抖动"0"，如图8-81所示。

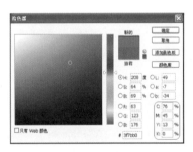

图8-80

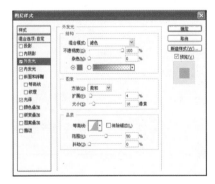

图8-81

(37) 勾选"内发光"，混合模式设置为"滤色"，

不透明度"100"，杂色"0"，颜色设置为"C：76、M：45、Y：13、K：0"（如图8-82所示），方法"柔和"，阻塞"0"，大小"5"，等高线"线性"，范围"50"，抖动"0"，如图8-83所示。

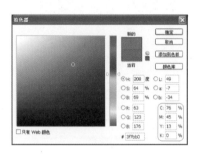

图8-82

图8-83

(38) 勾选"光泽"，混合模式设置为"正片叠底"，颜色设置为"白色"，不透明度"40"，角度"19"，距离"11"，大小"14"，等高线"高斯分布"，如图8-84所示。

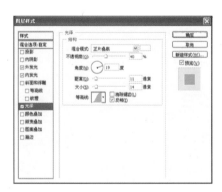

图8-84

(39) 选择"图层"面板中的"新建组" ▢ 按钮，新建"组2"，选中"形状6"至"形状9"拖拽至

"组 2" 中，如图 8-85 所示，完成以上的步骤，效果如图 8-86 所示。

图 8-85

图 8-86

(40) 选择 "横排文字工具" T.按钮，字体设置为 LHFTimberlodge，字体大小 "44.68 点"，如图 8-87 所示，颜色设置为 "C：32、M：0、Y：8、K：0"（如图 8-88 所示），输入文字，完成后按 "自由变换" 快捷键 "Ctrl+T" 调整文字大小，如图 8-89 所示。

图 8-87

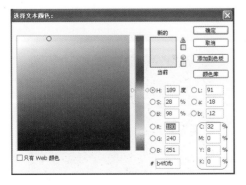

图 8-88

图 8-89

(41) 选择 "文字图层"，选择 "图层" 面板中的 "添加图层样式" fx.按钮，弹出 "图层样式" 对话框，在对话框中进行设置，勾选 "内阴影"，混合模式 "正片叠底"，不透明度 "75"，角度 "120"，距离 "8"，阻塞 "0"，大小 "3"，单击▨区域，弹出 "等高线编辑器" 对话框，设置如图 8-90 所示，杂色 "0"，如图 8-91 所示。

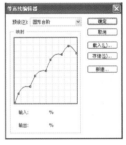

图 8-90

图 8-91

(42) 勾选 "斜面和浮雕" 和 "等高线"，样式 "内斜面"，方法 "平滑"，深度 "100"，方向勾选 "上"，大小 "26"，软化 "0"，角度 "120"，高度 "30"，光泽等高线 "线性"，高光模式 "滤色"，颜色设置为 "C：32、M：0、Y：8、K：0"（如图 8-92 所示），不透明度 "100"，阴影模式 "正片叠底"，颜色 "白色"，不透明度 "0"，如图 8-93 所示。

图 8—92

图 8—96

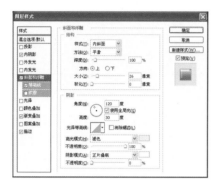

图 8—93

图 8—97

　　(43) 勾选"渐变叠加"，混合模式为"正常"，不透明度"100"，渐变颜色如图8—94所示，"C：82、M：53、Y：0、K：0"（如图8—95所示）和"C：32、M：0、Y：8、K：0"（如图8—96所示），样式"线性"，角度"90"，缩放"100"，如图8—97所示。

　　(44) 勾选"描边"，大小"9"，位置"外部"，混合模式"正常"，不透明度"100"，填充类型"渐变"，渐变颜色设置同步骤（42），样式"迸发状"，角度"90"，缩放"89"，如图8—98所示，完成效果如图8—99所示。

图 8—94

图 8—98

图 8—95

图 8—99

（45）复制文字图层"photoshop"生成
"photoshop副本"，右击"photoshop副本"，选择"清
除图层样式"命令，如图8-100所示。

图8-100

（46）选择"文字图层"，选择"图层"面板中
的"添加图层样式"按钮，弹出"图层样式"对
话框，在对话框中进行设置，勾选"外发光"，混合
模式"滤色"，不透明度"40"，杂色"0"，颜色设
置为"C：40、M：83、Y：0、K：0"（如图8-101
所示），方法"柔和"，扩展"15"，大小"103"，等
高线"Half Round"，范围"50"，抖动"0"，如图
8-102所示。

图8-101

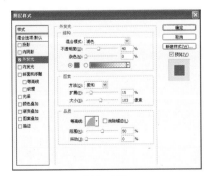

图8-102

（47）完成以上步骤，效果如图8-103所示。

图8-103

（48）复制文字图层"photoshop"生成
"photoshop副本2"，右击"photoshop副本2"，选择
"清除图层样式"命令，如图8-104所示。

（49）选择"文字图层"，选择"图层"面板中
的"添加图层样式"按钮，弹出"图层样式"对
话框，在对话框中进行设置，勾选"外发光"，混合
模式"滤色"，不透明度"65"，杂色"0"，颜色设
置为"C：40、M：83、Y：0、K：0"（如图8-105
所示），方法"柔和"，扩展"2"，大小"33"，等
高线"Half Round"，范围"50"，抖动"0"，如图
8-106所示。

图8-104

图8-105

图8-106

（50）完成以上步骤，效果如图8-107所示。

图8-107

提示：

注意文字图层的排放顺序如下图所示。

8.2.3 案例小结

本案例主要特点为游戏文字，虚幻的背景再配合颜色突出的文字，整幅作品采用粉色和蓝色的线条作为装饰，为图像整体增添了动感的效果，给人虚幻的视觉感受。

8.3 水晶文字

水晶文字是指通过Photoshop处理后的文字有透明的质感，就好像水晶一样会折射光，而且整体要拥有通透的立体感。

案例最终效果图：

◎ 制作时间：10 分钟

◎ 知识重点：导入图片、自由变换的应用、横排文字工具、图层样式

◎ 学习难度：★☆

8.3.1　案例分析

本案例采用了金黄色的背景和钟表的搭配，以金黄色来表现时间和金钱的概念，以金色为背景，更突出了文字。

8.3.2　实例操作

(1) 执行"文件"→"新建"命令弹出"新建"对话框，在如图8-108所示的"新建"对话框中设置新建文件值，名称①处输入文件名称，②处分别设置文件宽度为"1400"像素，高度为"920"像素，分辨率为"300"像素／英寸，色彩模式设为"RGB"模式，背景内容设置为"白色"，单击③处"确定"按钮。

图8-108

提示：

文件名称可根据个人的习惯和要求进行自定义的设置。

设置文件大小的默认单位一般为"像素"，也可更改为"cm"、"mm"等。

(2) 打开素材"文件"→"打开"→"光盘"→"ch08"→"003.psd"，如图8-109所示。

图8-109

提示：

打开已有素材文件时，可直接在Photoshop界面的空白处双击，快速打开"打开文件"对话框。

(3) 选择"选择工具"按钮，将素材"003.psd"复制至文件中，"图层"面板中自动生成"图层1"，如图8-110所示。选中"图层1"，按下"自由变换"快捷键"Ctrl+T"，调整图像大小，如图8-111所示。

图8-110

(4) 打开素材"文件"→"打开"→"光盘"→"ch08"→"004.psd"，如图8-112所示。

图8-111

图8-112

(5) 选择"选择工具" 按钮,将素材"004.
psd"复制至文件中,"图层"面板中自动生成"图
层2",如图8-113所示。选中"图层2",按下"自
由变换"快捷键"Ctrl+T",调整图像大小,如图
8-114所示。

图8-113

图8-114

(6) 选中"图层2",选择"图层"面板中的"添

加矢量蒙版" 按钮,选择"渐变工具" 按钮,为
"图层2"添加蒙版,如图8-115所示,完成效果如
图8-116所示。

图8-115

图8-116

(7) 选择"横排文字工具" 按钮,字体设置
为Galactican,字体大小"48点",如图8-117所示,
输入文字,输入完成后效果如图8-118所示。

图8-117

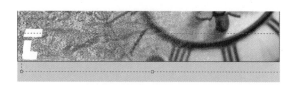

图8-118

(8) 继续输入文字,字体设置为Galactican,字
体大小"30点",如图8-119所示,输入完成效果
如图8-120所示。

图 8-119

图 8-120

模式"正片叠底",不透明度"75",角度"-52",颜色设置为"C:100、M:100、Y:57、K:12"(如图 8-123 所示),距离"0",阻塞"26",大小"8",单击区域,弹出"等高线编辑器"对话框,设置如图 8-124 所示,杂色"0",如图 8-125 所示。

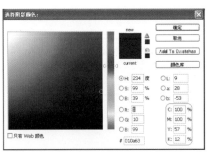

图 8-123

提示：

输入的文字为"time is money"。

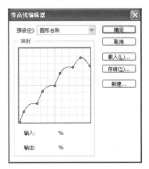

图 8-124

(9)完成文字的输入,效果如图 8-121 所示,完成输入"图层"面板中自动生成"time is money"图层,如图 8-122 所示。

图 8-121

图 8-122

(10)选择"文字图层",选择"图层"面板中的"添加图层样式" *fx.* 按钮,弹出"图层样式"对话框,在对话框中进行设置,勾选"内阴影",混合

图 8-125

(11)勾选"斜面和浮雕"和"等高线",样式"内斜面",方法"平滑",深度"100",方向勾选"下",大小"42",软化"0",角度"-52",高度"0",光泽等高线"高斯分布",高光模式"滤色",颜色设置为"C:32、M:0、Y:8、K:0"(如图 8-126 所示),不透明度"100",阴影模式"正片叠底",颜色"白色",不透明度"0",如图 8-127 所示。

图 8-126

图 8-127

(12) 勾选"渐变叠加",混合模式为"正常",不透明度"100",渐变颜色设置为如图8-128所示,"C:82、M:53、Y:0、K:0"(如图8-129所示)和"C:32、M:0、Y:8、K:0"(如图8-130所示),样式"线性",角度"90",缩放"123",如图8-131所示。

图 8-128

图 8-129

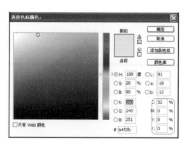

图 8-130

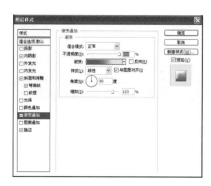

图 8-131

(13) 勾选"描边",大小"5",位置"外部",模式"正常",不透明度"100",填充类型"渐变",渐变颜色设置同步骤(10),样式"迸发状",角度"90",缩放"90",如图8-132所示。

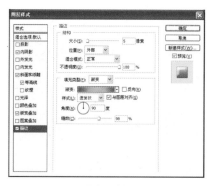

图 8-132

(14) 完成以上步骤,效果如图8-133所示。

图 8-133

(15) 选择 "横排文字工具" T. 按钮，字体设置为 Galactican，字体大小 "12点"，如图8-134所示，输入文字，输入完成后效果如图8-135所示。

图 8-134

图 8-135

提示:

输入的文字为 "run arace wuth tim"。

(16) 完成文字的输入，效果如图8-136所示，完成输入 "图层" 面板中自动生成 "run arace wuth tim 图层"，如图8-137所示。

图 8-136

图 8-137

(17) 选择 "文字图层"，选择 "图层" 面板中

的 "添加图层样式" fx. 按钮，弹出 "图层样式" 对话框，在对话框中进行设置，勾选 "投影"，混合模式 "正片叠底"，颜色设置为 "C: 100、M: 100、Y: 57、K: 12"，如图8-138所示，不透明度 "20"，角度 "-52"，距离 "4"，扩展 "0"，大小 "4"，等高线 "线性"，杂色 "0"，如图8-139所示。

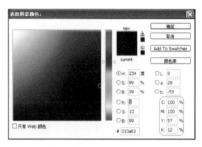

图 8-138

图 8-139

(18) 选择 "文字图层"，选择 "图层" 面板中的 "添加图层样式" fx. 按钮，弹出 "图层样式" 对话框，在对话框中进行设置，勾选 "内发光"，混合模式 "正片叠底"，不透明度 "50"，杂色 "0"，颜色设置为 "C: 100、M: 100、Y: 57、K: 12"，如图8-140所示，方法 "柔和"，阻塞 "0"，大小 "3"，等高线 "线性"，范围 "50"，抖动 "0"，如图8-141所示。

图 8-140

图 8-141

(19) 勾选"斜面和浮雕"和"等高线"，样式"内斜面"，方法"平滑"，深度"100"，方向"上"，大小"2"，软化"1"，角度"-52"，高度"0"，光泽等高线"线性"，高光模式"线性减淡"，不透明度"100"，阴影模式"正片叠底"，颜色"黑色"，不透明度"0"，如图 8-142 所示。

图 8-142

(20) 勾选"颜色叠加,"混合模式"正常"，颜色设置为"C: 32、M: 0、Y: 8、K: 0"（如图 8-143

所示），不透明度"100"，如图 8-144 所示。

图 8-143

图 8-144

(21) 完成以上步骤，效果如图 8-145 所示。

图 8-145

8.3.3 案例小结

本案例主要特点为水晶文字，华丽的背景再配合颜色突出文字，整幅作品采用金色的背景和华丽的金色钟表，为图像整体增添了华丽高贵的效果。

8.4　玉石文字

制作出的玉石文字就要拥有玉制的效果，除了表现那种美丽的翠绿外，还有玉中不均匀的杂质也要表现得活灵活现，就好像是真的由玉打造而成。

案例最终效果图：

◎　　制作时间：20 分钟

◎　　知识重点：导入图片、自由变换的应用、
　　　　　　　　横排文字工具、图层样式

◎　　学习难度：★☆

8.4.1　案例分析

本实例具有玉石文字效果，以黄色的背景衬托玉的翠绿，通过多种基本图像的样式处理，也突出玉石的纹理。

8.4.2 实例操作

（1）执行"文件"→"新建"命令弹出"新建"对话框，在如图8-146所示的"新建"对话框中设置新建文件值，名称①处输入文件名称，②处分别设置文件宽度为"1300"像素，高度为"820"像素，分辨率为"300"像素／英寸，颜色模式设为"RGB"模式，背景内容设置为"白色"，单击③处"确定"按钮。

图 8-146

提示：

文件名称可根据个人的习惯和要求进行自定义的设置。

设置文件大小的默认单位一般为"像素"，也可更改为"cm"、"mm"等。

（2）打开素材"文件"→"打开"→"光盘"→"ch08"→"005.gif"，如图8-147所示。

图 8-147

（3）选择"选择工具" 按钮，将素材"005.gif"复制至文件中，"图层"面板中自动生成"图层1"，如图8-148所示。选中"图层1"，按下"自由变换"快捷键"Ctrl+T"，调整图像大小，如图8-149所示。

图 8-148

图 8-149

（4）选择"横排文字工具" 按钮，设置属性，字体为Galaxative，字体大小"100点"，颜色"黑色"，选择"方斜体"，如图8-150所示，输入文字"JADE"，完成效果如图8-151所示，"图层"面板中自动生成"JADE"图层，如图8-152所示。

图 8-150

图 8-151

图 8-152

（5）选择"JADE"图层，选择"图层"面板中的"添加图层样式" fx 按钮，弹出"图层样式"对话框，在对话框中进行设置，勾选"投影"，混合模式"正片叠底"，颜色设置为"C：66、M：57、Y：54、K：4"（如图8-153所示），不透明度"75"，角度"120"，距离"9"，扩展"10"，大小"13"，等高线"高斯分布"，杂色"0"，如图8-154所示。

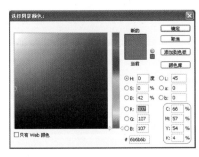

图 8-153

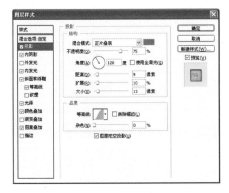

图 8-154

（6）选择"文字图层"，选择"图层"面板中的"添加图层样式" fx 按钮，弹出"图层样式"对话框，在对话框中进行设置，勾选"内阴影"，混合模式"正片叠底"，颜色设置为"C：92、M：64、Y：73、K：34"（如图8-155所示），不透明度"75"，角度"76"，距离"9"，阻塞"13"，大小"19"，等高线"线性"，杂色"0"，如图8-156所示。

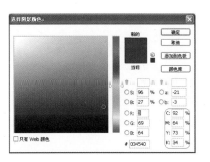

图 8-155

图 8-156

（7）选择"文字图层"，选择"图层"面板中的"添加图层样式" fx 按钮，弹出"图层样式"对话框，在对话框中进行设置，勾选"内发光"，混合模式"正片叠底"，不透明度"50"，杂色"0"，颜色设置为"C：87、M：45、Y：100、K：8"（如图8-157所示），方法"柔和"，阻塞"0"，大小"21"，等高线"高斯分布"，范围"50"，抖动"0"，如图8-158所示。

图 8-157

（8）勾选"斜面和浮雕"和"等高线"，样式"内斜面"，方法"平滑"，深度"200"，方向"上"，大小"21"，软化"0"，角度"120"，高度"65"，单击 区域，弹出"等高线编辑器"对话框，设置如图8-159所示，高光模式"滤色"，颜色设置为

"C: 23、M: 12、Y: 37、K: 0"（如图8-160所示），
不透明度"100"，阴影模式"颜色加深"，颜色设置
"C: 89、M: 63、Y: 100、K: 48"（如图8-161所示），
不透明度"31"，如图8-162所示。

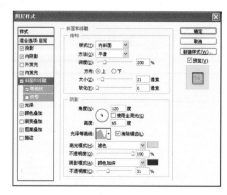

图8-162

图8-158

（9）勾选"光泽"，混合模式"叠加"，颜色"白
色"，不透明度"100"，角度"51"，距离"51"，大
小"55"，等高线"环形－双环"，如图8 163所示。

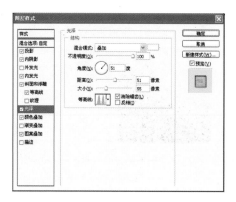

图8-163

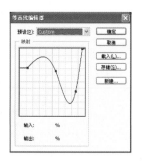

图8-159

（10）勾选"颜色叠加"，混合模式"叠加"，颜
色设置为"C: 53、M: 0、Y: 70、K: 0"，如图8-164
所示，不透明度"100"，如图8-165所示。

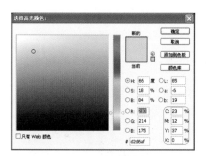

图8-160

图8-164

图8-161

（11）勾选"图案叠加"，混合模式"正常"，不
透明度"44"，图案"黄菊"（如图8-166所示），缩
放"128"，勾选"与图层链接"，如图8-167所示。

图 8-165

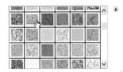

图 8-166

图 8-167

（12）完成以上步骤，效果如图 8-168 所示。

图 8-168

（13）选择"自定形状工具" 按钮，设置属性，选择如图 8-169 所示图形进行绘制，"图层"面板中自动生成"形状 1"，如图 8-170 所示，完成效果如图 8-171 所示。

图 8-169

图 8-170

图 8-171

（14）选中"JADE"图层，右击"JADE"图层，选择"拷贝图层样式"命令，如图 8-172 所示，选中"形状 1"右击，选择"粘贴图层样式"命令，如图 8-173 所示，完成效果如图 8-174 所示。

图 8-172

图 8-173

图 8-174

(15) 选择"横排文字工具" **T.** 按钮,设置属性,字体为LHF Euphoria,字体大小"5.83点",颜色"黑色",选择"加粗",如图8-175所示,输入文字,完成效果如图8-176所示,输入完成后"图层"面板中自动生成"Beautiful..."图层,如图8-177所示。

图 8-176

图 8-175

图 8-177

8.4.3　案例小结

本案例主要特点为玉石文字,清新的背景再配合颜色突出文字,整幅作品采用柠檬做背景,和华丽的玉石文字做对比,为图像整体增添了华丽高贵的效果,平衡了整体色彩,给人现代华丽的视觉感受。

8.5　海报文字

海报文字一般应用在海报上,要求字体突出而醒目,能够明确地表达其主题的中心思想,要求一目了然。

案例最终效果图:

◎　制作时间: 20 分钟

◎　知识重点: 渐变工具、自由变换的应用、横排文字工具、图层样式、钢笔工具

◎　学习难度: ★★

8.5.1 案例分析

本实例制作海报文字，通过金属质感的背景，凸现出文字的绚丽，艳丽的色彩又赋予文字极具个性的视觉感受。

8.5.2 实例操作

（1）执行"文件"→"新建"命令弹出"新建"对话框，在如图8-178所示的"新建"对话框中设置新建文件值，名称①处输入文件名称，②处分别设置文件宽度为"1378"像素，高度为"965"像素，分辨率为"350"像素／英寸，颜色模式设为"RGB"模式，背景内容设置为"白色"，单击③处"确定"按钮。

图8-178

提示：

文件名称可根据个人的习惯和要求进行自定义的设置。

设置文件大小的默认单位一般为"像素"，也可更改为"cm"、"mm"等。

（2）选择"图层"面板中的"新建图层" 按钮，新建"图层1"，选择"渐变工具" 按钮，渐变属性设置为 ，如图8-179所示，完成效果如图8-180所示。

图8-179

图8-180

（3）选择"图层"面板中的"新建图层" 按钮，新建"图层2"，选择"矩形选框工具" 按钮，属性设置为 ，绘制选区，选择"选择"→"反向"命令，如图8-181所示，完成后效果如图8-182所示，选择"渐变工具" 按钮，填充选区如图8-183所示。

图 8-181

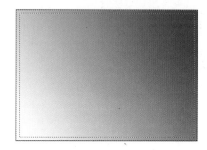

图 8-182

图 8-183

(4) 选择"图层"面板中的"新建图层"按钮，新建"图层3"，选择"椭圆选框工具"按钮，按"Shift"键并用鼠标推拽绘制正圆形选区，选择"渐变工具"按钮填充渐变，如图8-184所示。

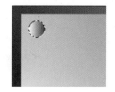

图 8-184

(5) 选择"文字图层"，选择"图层"面板中的"添加图层样式"按钮，弹出"图层样式"对话框，在对话框中进行设置，勾选"斜面和浮雕"和"等高线"，样式"内斜面"，方法"平滑"，深度"100"，方向"上"，大小"29"，软化"0"，角度"120"，

高度"30"，光泽等高线"线性"，高光模式"滤色"，颜色设置为"白色"，不透明度"75"，阴影模式"正片叠底"，颜色"黑色"，不透明度"75"，如图8-185所示。

图 8-185

(6) 勾选"等高线"，等高线"凹槽-高"，范围"100"，如图8-186所示，完成以上步骤效果如图8-187所示。

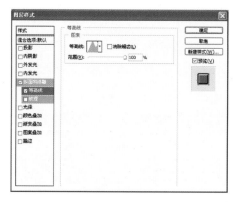

图 8-186

图 8-187

(7) 右击"图层3"，选择"复制图层"选项，"图层"面板中自动生成"图层3副本"，右击"图层3"选择"复制图层"选项，"图层"面板中自动生成"图层3副本2"，右击"图层3"，选择"复制图层"选项，"图层"面板中自动生成"图层3副本

3″，选择″选择工具″  按钮，将图层摆放至如图 8-188 所示的位置。

图 8-188

（8）选择″横排文字工具″ 按钮，设置属性，字体为 Swis721 BlkEx BT，如图 8-189 所示，输入文字″sweeT″，完成效果如图 8-190 所示。

图 8-189

图 8-190

（9）右击″sweeT″图层，选择″创建工作路径″选项，如图 8-191 所示。

图 8-191

（10）选择″直接选择工具″ 按钮，绘制如图 8-192 所示路径。

图 8-192

（11）重复步骤（8）～（10），绘制如图 8-193 所示的路径，完成后效果如图 8-194 所示。

图 8-193

图 8-194

（12）右击路径选择″建立选区″选项，在弹出的″建立选区″对话框中设置，如图 8-195 所示。

图 8-195

（13）选择″图层″面板中的″新建图层″ 按钮，新建″图层 4″，选择″渐变工具″ 按钮，渐变颜色设置为″C：29、M：97、Y：4、K：0″（如

图8-196所示）和"白色"，完成渐变效果如图8-197所示。

图8-196

图8-197

（14）选择"滤镜"→"像素化"→"彩色半调"命令，如图8-198所示，在弹出的"彩色半调"对话框中进行设置，最大半径"8"，通道1"0"，通道2"0"，通道3"0"，通道4"45"，如图8-199所示，完成效果如图8-200所示。

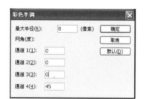

图8-198　　　　　图8-199

图8-200

（15）选择"文字图层"，选择"图层"面板中的"添加图层样式"fx.按钮，弹出"图层样式"对话框，在对话框中进行设置，勾选"内阴影"，混合模式"正常"，颜色设置为"C：29、M：97、Y：4、K：0"（如图8-201所示），不透明度"100"，角度"-45"，距离"12"，阻塞"32"，大小"5"，等高线"线性"，杂色"0"，如图8-202所示。

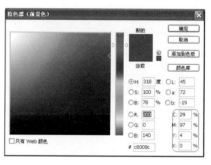

图8-201

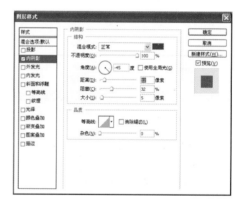

图8-202

（16）勾选"斜面和浮雕"和"等高线"，样式"内斜面"，方法"平滑"，深度"100"，方向"上"，大小"8"，软化"0"，角度"-45"，高度"0"，光泽等高线"线性"，高光模式"滤色"，颜色设置为"白色"，不透明度"75"，阴影模式"正片叠底"，颜色"黑色"，不透明度"75"，如图8-203所示。

（17）勾选"等高线"，等高线"内凹-浅"，范围"50"，如图8-204所示。

（18）勾选"描边"，大小"10"，位置"外部"，混合模式"正常"，不透明度"100"，填充类型"颜色"，颜色"黑色"，如图8-205所示，完成效果如图8-206所示。

（19）选择"图层"面板中的"新建图层"□按

钮，新建"图层5"，选择"椭圆选框工具"○按钮，按"Shift"键并用鼠标推拽绘制正圆形选区，选择"渐变工具"▣按钮填充渐变，如图8-207所示。

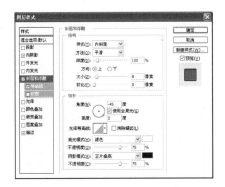

图8-203

图8-204

图8-205

图8-206

图8-207

（20）选择"图层5"，选择"图层"面板中的"添加图层样式"fx.按钮，弹出"图层样式"对话框，在对话框中进行设置，勾选"斜面和浮雕"和"等高线"，样式"内斜面"，方法"平滑"，深度"471"，方向"上"，大小"10"，软化"0"，角度"-45"，高度"0"，光泽等高线"线性"，高光模式"滤色"，颜色设置为"白色"，不透明度"75"，阴影模式"正片叠底"，颜色"C：29、M：97、Y：4、K：0"（如图8-208所示），不透明度"75"，如图8-209所示。

图8-208

图8-209

（21）勾选"等高线"，等高线"线性"，范围"50"，如图8-210所示，完成效果如图8-211所示。

（22）选择"横排文字工具"T.按钮，输入完成后，按"自由变换"快捷键"Ctrl+T"，调整文字的位置，如图8-212所示。

图 8-210

图 8-213

图 8-211

图 8-214

图 8-212

图 8-215

(25) 选择"钢笔工具" ✎ 按钮, 绘制如图8-216
所示的形状。

(23) 选择"横排文字工具" T 按钮, 输入完成
后, 选择"创建文字变形" ⚟ 按钮, 设置如图8-213
所示, 完成效果如图8-214所示。

(24) 选择"横排文字工具" T 按钮, 输入完成
后效果如图8-215所示。

图 8-216

8.5.3 案例小结

　　本案例主要特点为海报文字, 具有金属质感的背景, 再配合颜色突出文字, 整幅作品采用渐变
做背景, 和个性的海报文字做对比, 为图像整体增添很大的视觉冲击力。

第 9 章　图形特效

9.1　前卫风格网页

前卫风格以其非常规的空间解构，大胆鲜明、对比强烈的色彩布置，以及刚柔并济的选材搭配，无不让人从冷峻中寻求到一种超现实的平衡。本节制作的就是这样凸显自我、张扬个性的前卫风格网页。

案例最终效果图：

◎　制作时间：10分钟

◎　知识重点：导入图片、自由变换的应用、横排文字工具、图层混合模式

◎　学习难度：★

9.1.1　案例分析

本实例通过制作漂亮的网页界面，来表现极具个性的文字处理，通过浪漫的花海作为背景，凸现出文字的个性制作。

9.1.2 实例操作

(1) 执行"文件"→"新建"命令弹出"新建"对话框，在如图9-1所示的"新建"对话框中设置新建文件值，名称①处输入文件名称，②处分别设置文件宽度为"1000"像素，高度为"760"像素，分辨率为"300"像素／英寸，颜色模式设为"RGB"模式，背景内容设置为"白色"，单击③处"确定"按钮。

图9-1

图9-3

> **提示：**
>
> 文件名称可根据个人的习惯和要求进行自定义的设置。
>
> 设置文件大小的默认单位一般为"像素"，也可更改为"cm"、"mm"等。

(2) 选择"图层"面板中的"新建图层"按钮，新建"图层1"，选择"矩形选框工具"按钮，绘制如图9-2所示选区，单击"前景色"按钮设置前景色，其颜色的具体设置为"白色"，按"Alt+Backspace"快捷键填充背景图层，选择"编辑"→"描边"命令，如图9-3所示，在弹出的"描边"对话框中进行设置，如图9-4所示。

图9-2

图9-4

(3) 打开素材"文件"→"打开"→"光盘"→"ch09"→"001.jpg"，如图9-5所示。

图9-5

> **提示：**
>
> 打开已有素材文件时，可直接在Photoshop界面的空白处双击，快速打开"打开文件"对话框。

(4) 选择"选择工具"按钮，将素材"001.jpg"复制至文件中，"图层"面板中自动生成"图层2"，如图9-6所示。选中"图层2"，按下"自由变换"快捷键"Ctrl+T"，调整图像大小，如图9-7所示。

图 9-6

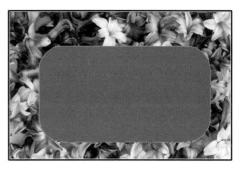

图 9-11

图 9-7

（7）选中"形状 1"，右击选择"栅格化图层"命令，选择"滤镜"→"模糊"→"径向模糊"命令，如图 9-12 所示，在弹出的对话框中进行设置，如图 9-13 所示，按"自由变换"快捷键"Ctrl+T"，调整图像大小，位置如图 9-14 所示。

（5）右击"图层 2"，选择"创建剪贴蒙版"命令，如图 9-8 所示，完成效果如图 9-9 所示。

图 9-8   图 9-9

图 9-12

（6）选择"图层"面板中的"新建图层" 按钮，新建"图层 3"，单击"前景色" 按钮设置前景色，其颜色的具体设置为"C：79、M：52、Y：41、K：0"，如图 9-10 所示，选择"圆角矩形工具" 按钮，绘制如图 9-11 所示选区，绘制完成"图层"面板中自动生成"形状 1"。

图 9-13

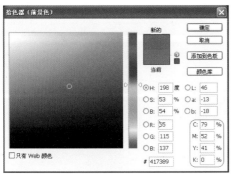

图 9-10

图 9-14

(8) 右击"形状1",选择"创建剪贴蒙版"命令,如图9-15所示,完成效果如图9-16所示。

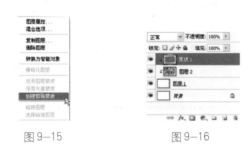

图9-15　　　　　　　图9-16

(9) 选择"图层"面板中的"新建图层"按钮,新建"图层3",单击"前景色"按钮设置前景色,其颜色的具体设置为"白色",选择"圆角矩形工具"按钮,绘制如图9-17所示选区,绘制完成"图层"面板中自动生成"形状2"。

图9-17

(10) 选中"形状2",右击选择"栅格化图层"命令,选择"滤镜"→"模糊"→"径向模糊"命令,如图9-18所示,在弹出的对话框中进行设置,如图9-19所示,按"自由变换"快捷键"Ctrl+T",调整图像大小,位置如图9-20所示。

图9-18

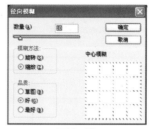

图9-19

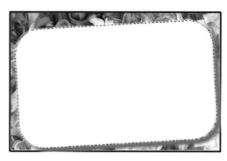

图9-20

(11) 右击"形状2",选择"创建剪贴蒙版"命令,如图9-21所示,完成效果如图9-22所示。

图9-21　　　　　　　图9-22

(12) 打开素材"文件"→"打开"→"光盘"→"ch09"→"002.jpg",如图9-23所示。

图9-23

(13) 选择"选择工具"按钮,将素材"002.jpg"复制至文件中,"图层"面板中自动生成"图层3",如图9-24所示。选中"图层3",按下"自由变换"快捷键"Ctrl+T",调整图像大小,如图9-25所示。

图 9-24

图 9-25

图 9-28

图 9-29

(14) 选择"横排文字工具" **T** 按钮,属性设置如图 9-26 所示,输入文字,完成效果如图 9-27 所示。

图 9-26

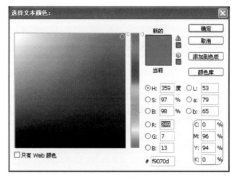

图 9-30

图 9-27

图 9-31

(15) 选中第一个字,如图 9-28 所示,更改文字颜色,在"属性"面板中进行设置,如图 9-29 所示,颜色设置为"C:0、M:96、Y:94、K:0",如图 9-30 所示。

(16) 选中第三个字,如图 9-31 所示,更改文字颜色,在"属性"面板中进行设置,如图 9-32 所示,颜色设置为"C:0、M:96、Y:94、K:0",如图 9-33 所示。

图 9-32

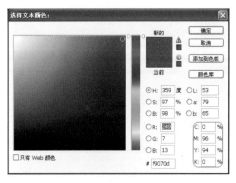

图 9-33

图 9-37

(17) 完成以上步骤,效果如图9-34所示。

图 9-34

图 9-38

(18) 选择"横排文字工具"T.按钮,属性设置
如图9-35所示,输入文字,完成效果如图9-36所示。

(20) 右击"形状3",选择"复制图层","图
层"面板中自动生成"形状3副本",右击"形状3",
选择"复制图层","图层"面板中自动生成"形状3
副本2",如图9-39所示,完成效果如图9-40所示。

图 9-35

图 9-39

图 9-36

图 9-40

(19) 选择"直线工具"\.按钮,绘制效果如图
9-37所示,绘制完成"图层"面板中自动生成"形
状3",如图9-38所示。

(21) 选择"横排文字工具"T.按钮,属性设
置如图9-41所示,输入文字,完成效果如图9-42
所示。

图9-41

图9-42

（22）选择"横排文字工具"**T**.按钮，属性设置如图9-43所示，输入文字，完成效果如图9-44所示。

图9-43

图9-44

提示：

输入的文字为"qian wei"。

（23）右击"图层2"，选择"复制图层"，"图层"面板中自动生成"图层2副本"，将"图层2副

本"放置于"形状2"之上，选择"图像"→"调整"→"去色"命令，如图9-45所示，按"Ctrl"键并用鼠标单击"形状2"建立选区，选中"图层2副本"，选择"选择"→"反向"命令，按"Delete"键删除选中部分，如图9-46所示。

图9-45

图9-46

（24）按"自由变换"快捷键"Ctrl+T"，调整图像大小如图9-47所示，按"Ctrl"键并用鼠标单击"形状2"建立选区，选中"图层2副本"，选择"选择"→"反向"命令，按"Delete"键删除选中部分，如图9-48所，调整"图层"面板中的不透明度为"26"，如图9-49所示。

图9-47

图 9-48

图 9-49

果如图 9-52 所示。

图 9-50　　　　　　　　　图 9-51

图 9-52

　　(25) 选择"滤镜"→"模糊"→"高斯模糊"命令，如图 9-50 所示，在弹出的"高斯模糊"对话框中设置半径为"5"，如图 9-51 所示，完成效

9.1.3　案例小结

　　本案例主要特点为前卫风格网页，背景的鲜花效果，配合文字的点缀，整幅作品采用鲜花、文字、椅子，给人轻松的视觉感受。

9.2　软件主题界面

　　主题是作品中所蕴含的中心思想，是作品内容的主体和核心，顾名思义，软件主题就是软件的中心思想，软件内容的主体和核心。本节制作的就是一个需要表达软件的主体和核心的界面。
　　案例最终效果图：

◎　制作时间：25 分钟

◎　知识重点：导入图片、自由变换的应用、横排文字工具、添加图层样式

◎　学习难度：★★☆

9.2.1 案例分析

本实例具有逼真的立体感，突出了软件主题的风格特点，整体颜色选用绿色和黄色，使整体效果添加了一份亲近，案例通过基本图像的多种特效处理，使图像赋予了立体、亲近的效果。

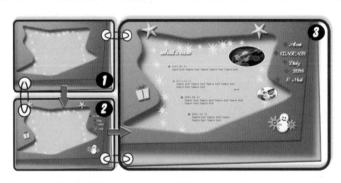

9.2.2 实例操作

（1）执行"文件"→"新建"命令弹出"新建"对话框，在如图9-53所示的"新建"对话框中设置新建文件值，名称①处输入文件名称，②处分别设置文件宽度为"850"像素，高度为"600"像素，分辨率为"300"像素／英寸，颜色模式设为"RGB"模式，背景内容设置为"白色"，单击③处"确定"按钮。

图9-53

提示：

文件名称可根据个人的习惯和要求进行自定义的设置。

设置文件大小的默认单位一般为"像素"，也可更改为"cm"、"mm"等。

（2）选择"图层"面板中的"新建图层"按钮，

新建"图层1"，单击"前景色"按钮设置前景色，其颜色的具体设置为"C：3、M：29、Y：84、K：0"，如图9-54所示，选择"矩形选框工具"按钮绘制矩形选区，按"Alt+Backspace"快捷键完成前景色填充，按"自由变换"快捷键"Ctrl+T"，调整图像角度，如图9-55所示。

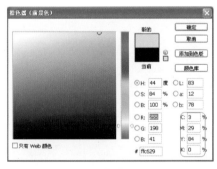

图9-54

图9-55

（3）勾选"斜面和浮雕"，样式"内斜面"，方法"平滑"，深度"100"，方向"上"，大小"8"，软化"0"，角度"120"，高度"30"，光泽等高线

"线性"，高光模式 "滤色"，颜色设置为 "白色"，
不透明度 "75"，阴影模式 "正片叠底"，颜色 "黑
色"，不透明度 "75"，如图9-56所示，完成效果
如图9-57所示。

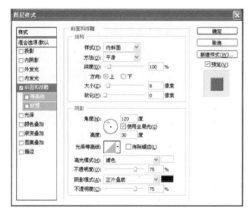

图9-56

图9-59

（5）选择 "钢笔工具" 按钮，单击 "前景色"
按钮设置前景色，其颜色的具体设置为 "C：58、
M：0、Y：99、K：0"，如图9-60所示，绘制如图
9-61所示的图形，绘制完成 "图层" 面板中自动生
成 "形状1"，如图9-62所示。

图9-57

（4）选择 "图层" 面板中的 "新建图层" 按钮，
新建 "图层2"，单击 "前景色" 按钮设置前景色，
其颜色的具体设置为 "C：62、M：65、Y：100、K：
27"，如图9-58所示，选择 "矩形选框工具" 按
钮绘制矩形选区，属性设置为 羽化：10 px ，按
"Alt+Backspace" 快捷键完成前景色填充，按 "自由
变换" 快捷键 "Ctrl+T" 调整图像角度，如图9-59
所示。

图9-60

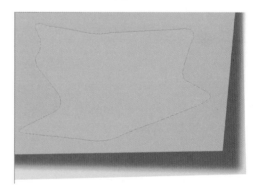

图9-61

图9-58

图9-62

（6）右击"形状1"，选择"栅格化图层"命令，选择"滤镜"→"渲染"→"光照效果"命令，如图9-63所示，在弹出的"光照效果"对话框中进行设置，光照类型"点光"，强度"35"，聚焦"69"，光泽"0"，材料"69"，曝光度"0"，环境"8"，纹理通道"无"，如图9-64所示，完成效果如图9-65所示。

图 9-63

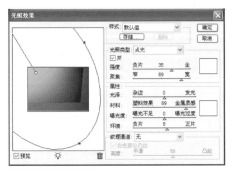

图 9-64

图 9-65

（7）勾选"斜面和浮雕"，样式"内斜面"，方法"平滑"，深度"100"，方向"上"，大小"8"，软化"0"，角度"120"，高度"30"，光泽等高线"线性"，高光模式"滤色"，颜色设置为"白色"，不透明度"75"，阴影模式"正片叠底"，颜色"黑色"，不透明度"75"，如图9-66所示，完成效果如图9-67所示。

图 9-66

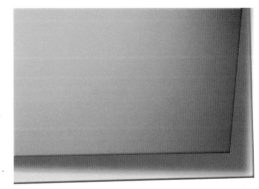

图 9-67

（8）选择"钢笔工具"按钮，单击"前景色"按钮设置前景色，其颜色的具体设置为"C：3、M：29、Y：84、K：0"，如图9-68所示，绘制如图9-69所示的图形，绘制完成"图层"面板中自动生成"形状2"，如图9-70所示。

图 9-68

（9）选择"文字图层"，选择"图层"面板中的"添加图层样式"按钮，弹出"图层样式"对话框，在对话框中进行设置，勾选"内阴影"，混合模式"正片叠底"，颜色设置为"黑色"，不透明度"80"，角度"120"，距离"27"，阻塞"0"，大小"21"，

等高线 "线性", 杂色 "0", 如图9-71所示, 完成效果如图9-72所示。

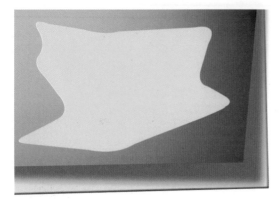

图 9-69

图 9-70

图 9-71

图 9-72

(10) 选择 "自定形状工具" 按钮, 属性设置如图9-73所示, 选择 "直接选择工具" 按钮, 更改绘制形状的锚点位置如图9-74所示, 绘制完成后 "图层" 面板中自动生成 "形状3"。

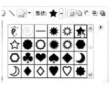

图 9-73

图 9-74

(11) 选择 "文字图层", 选择 "图层" 面板中的 "添加图层样式" 按钮, 弹出 "图层样式" 对话框, 在对话框中进行设置, 勾选 "投影", 混合模式 "正片叠底", 颜色设置为 "黑色", 不透明度 "75", 角度 "120", 距离 "5", 扩展 "0", 大小 "5", 等高线 "线性", 杂色 "0", 如图9-75所示。

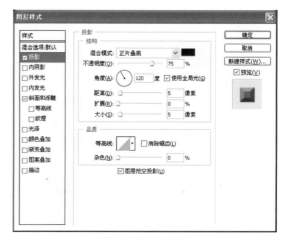

图 9-75

(12) 勾选 "斜面和浮雕", 样式 "内斜面", 方法 "雕刻柔和", 深度 "100", 方向 "上", 大小 "32", 软化 "4", 角度 "120", 高度 "30", 光泽等高线 "线性", 高光模式 "滤色", 颜色设置为 "白色", 不透明度 "75", 阴影模式 "正片叠底", 颜色 "黑色", 不透明度 "75", 如图9-76所示, 完成效果如图9-77所示。

(13) 复制 "形状3", 生成 "形状3副本", 如图9-78所示, 按下 "自由变换" 快捷键 "Ctrl+T", 调整图像角度, 如图9-79所示。

(14) 打开素材 "文件" → "打开" → "光盘" → "ch09" → "003.psd", 如图9-80所示。

图 9—76

图 9—80　　　　　图 9—81

由变换"快捷键"Ctrl+T",调整图像大小,如图
9—82 所示。

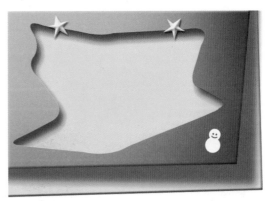

图 9—82

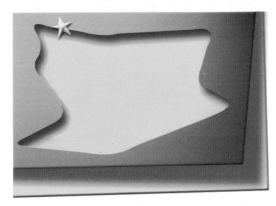

图 9—77

(16) 选择"文字图层",选择"图层"面板中
的"添加图层样式"fx 按钮,弹出"图层样式"对
话框,在对话框中进行设置,勾选"投影"混合模
式"正片叠底",颜色设置为"黑色",不透明度"75",
角度"120",距离"5",扩展"0",大小"5",等
高线"线性",杂色"0",如图 9—83 所示。

图 9—78

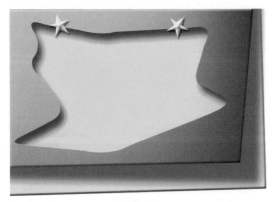

图 9—79

图 9—83

(15) 选择"选择工具"按钮,将素材"003.
psd"复制至文件中,"图层"面板中自动生成"图
层 4",如图 9—81 所示。选中"图层 4",按下"自

(17) 勾选"斜面和浮雕",样式"内斜面",方
法"雕刻柔和",深度"100",方向"上",大小"32",
软化"4",角度"120",高度"30",光泽等高线

"线性"，高光模式"滤色"，颜色设置为"白色"，不透明度"75"，阴影模式"正片叠底"，颜色"黑色"，不透明度"75"，如图9-84所示，完成效果如图9-85所示。

角度"120"，距离"5"，扩展"0"，大小"5"，等高线"线性"，杂色"0"，如图9-89所示。

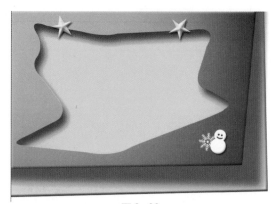

图9-88

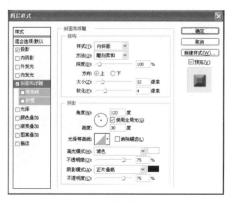

图9-84

图9-89

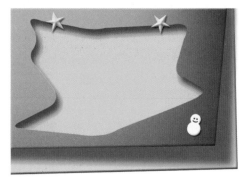

图9-85

(18) 打开素材"文件"→"打开"→"光盘"→"ch09"→"004.psd"，如图9-86所示。

(19) 选择"选择工具" 按钮，将素材"004.psd"复制至文件中，"图层"面板中自动生成"图层5"，如图9-87所示。选中"图层5"，按下"自由变换"快捷键"Ctrl+T"，调整图像大小，如图9-88所示。

(21) 勾选"斜面和浮雕"，样式"内斜面"，方法"雕刻柔和"，深度"100"，方向"上"，大小"32"，软化"4"，角度"120"，高度"30"，光泽等高线"线性"，高光模式"滤色"，颜色设置为"白色"，不透明度"75"，阴影模式"正片叠底"，颜色"黑色"，不透明度"75"，如图9-90所示，完成效果如图9-91所示。

图9-86

图9-87

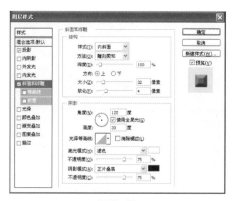

图9-90

(20) 选择"文字图层"，选择"图层"面板中的"添加图层样式" 按钮，弹出"图层样式"对话框，在对话框中进行设置，勾选"投影"，混合模式"正片叠底"，颜色设置为"黑色"，不透明度"75"，

图9-91

(22) 复制"图层5","图层"面板中自动生成"图层5副本",如图9-92所示,完成效果如图9-93所示。

图9-92

图9-93

(23) 打开素材"文件"→"打开"→"光盘"→"ch09"→"005.psd",如图9-94所示。

图9-94

(24) 选择"选择工具"按钮,将素材"005.psd"复制至文件中,"图层"面板中自动生成"图层6",如图9-95所示。选中"图层6",按下"自由变换"快捷键"Ctrl+T",调整图像大小,如图9-96所示。

图9-95

图9-96

(25) 选择"文字图层",选择"图层"面板中的"添加图层样式"按钮,弹出"图层样式"对话框,在对话框中进行设置,勾选"投影",混合模式"正片叠底",颜色设置为"黑色",不透明度"75",角度"120",距离"5",扩展"0",大小"5",等高线"线性",杂色"0",如图9-97所示。

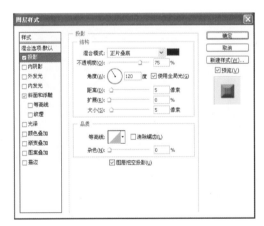

图9-97

(26) 勾选"斜面和浮雕",样式"内斜面",方法"雕刻柔和",深度"100",方向"上",大小"32",软化"4",角度"120",高度"30",光泽等高线"线性",高光模式"滤色",颜色设置为"白色",不透明度"75",阴影模式"正片叠底",颜色"黑色",不透明度"75",如图9-98所示,完成效果如图 9-99 所示。

图 9-98

图 9-99

（27）打开素材"文件"→"打开"→"光盘"
→"ch09"→"006.psd"，如图 9-100 所示。

（28）选择"选择工具" 按钮，将素材"006.
psd"复制至文件中，"图层"面板中自动生成"图
层 7"，如图 9-101 所示。选中"图层 7"，按下"自
由变换"快捷键"Ctrl+T"，调整图像大小，如图
9-102 所示。

图 9-100　　　　图 9-101

（29）选择"文字图层"，选择"图层"面板中
的"添加图层样式" 按钮，弹出"图层样式"对
话框，在对话框中进行设置，勾选"投影"，混合模
式"正片叠底"，颜色设置为"黑色"，不透明度"75"，

角度"120"，距离"5"，扩展"0"，大小"5"，等
高线"线性"，杂色"0"，如图 9-103 所示。

图 9-102

图 9-103

（30）勾选"斜面和浮雕"，样式"内斜面"，方
法"雕刻柔和"，深度"100"，方向"上"，大小"32"，
软化"4"，角度"120"，高度"30"，光泽等高线
"线性"，高光模式"滤色"，颜色设置为"白色"，
不透明度"75"，阴影模式"正片叠底"，颜色"黑
色"，不透明度"75"，如图 9-104 所示，完成效果
如图 9-105 所示。

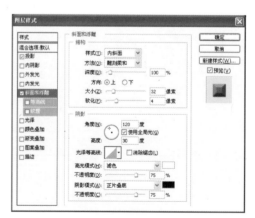

图 9-104

图9-105

(31) 选择"横排文字工具" T.按钮,文字颜色设置为"C: 8、M: 0、Y: 85、K: 0",如图9-106所示,文字的属性如下设置,字体为LHF Royal Scrip Extended,如图9-107所示,完成效果如图9-108所示。

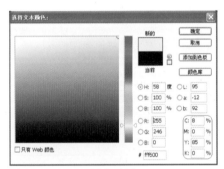

图9-106

图9-107

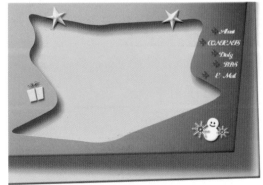

图9-108

(32) 选择"文字图层",选择"图层"面板中的"添加图层样式" fx.按钮,为"文字图层"添加样式,弹出"图层样式"对话框,在对话框中进行设置,勾选"投影",混合模式"正片叠底",颜色设置为"黑色",不透明度"75",角度"120",距离"5",扩展"0",大小"5",等高线"线性",杂色"0",如图9-109所示。

图9-109

(33) 勾选"斜面和浮雕",样式"内斜面",方法"雕刻柔和",深度"100",方向"上",大小"32",软化"4",角度"120",高度"30",光泽等高线"线性",高光模式"滤色",颜色设置为"白色",不透明度"75",阴影模式"正片叠底",颜色"黑色",不透明度"75",如图9-110所示,完成效果如图9-111所示。

图9-110

(34) 选择"横排文字工具" T.按钮,文字颜色设置为"白色",文字的属性如下设置,字体为LHF Royal Scrip Extended,如图9-112所示,完成效果如图 9-113 所示。

图 9-111

图 9-112

图 9-113

（35）选择"文字图层"，选择"图层"面板中的"添加图层样式" *fx* 按钮，为"文字图层"添加样式，弹出"图层样式"对话框，在对话框中进行设置，勾选"投影"，混合模式"正片叠底"，颜色设置为"黑色"，不透明度"75"，角度"120"，距离"5"，扩展"0"，大小"5"，等高线"线性"，杂色"0"，如图 9-114 所示。

（36）勾选"斜面和浮雕"，样式"内斜面"，方法"雕刻柔和"，深度"100"，方向"上"，大小"32"，软化"4"，角度"120"，高度"30"，光泽等高线"线性"，高光模式"滤色"，颜色设置为"白色"，不透明度"75"，阴影模式"正片叠底"，颜色"黑

色"，不透明度"75"，如图 9-115 所示，完成效果如图 9-116 所示。

图 9-114

图 9-115

图 9-116

（37）打开素材"文件"→"打开"→"光盘"→"ch09"→"007.psd"，如图 9-117 所示。

图 9-117

(38) 选择"选择工具" 按钮，将素材"007.psd"复制至文件中，"图层"面板中自动生成"图层8"，如图9-118所示。选中"图层8"，按下"自由变换"快捷键"Ctrl+T"，调整图像大小，如图9-119所示。

(40) 选择"选择工具" 按钮，将素材"008.psd"复制至文件中，"图层"面板中自动生成"图层9"，如图9-121所示，选中"图层9"，按下"自由变换"快捷键"Ctrl+T"，调整图像大小，如图9-122所示。

图 9-118

图 9-121

图 9-119

图 9-122

(39) 打开素材"文件"→"打开"→"光盘"→"ch09"→"008.psd"，如图9-120所示。

图 9-120

提示：

中间部分的内容，这里不详细说明，可以自己发挥。

9.2.3　案例小结

本案例主要特点为软件的主题网页，背景虽然用纯色却利用添加的样式，赋予图像立体感，配合文字的点缀，整幅作品采用可爱的小雪人做点缀，平衡了整体色彩，给人立体可爱的视觉感受。

9.3 艺术展海报

艺术与其它意识形态的区别在于它的审美价值，这也是它最主要、最基本的特征。本节制作的是有关艺术展的海报，以直觉的、整体的方式把握客观对象进行设计和制作。

案例最终效果图：

◎ 制作时间：10分钟

◎ 知识重点：导入图片、自由变换的应用、横排文字工具、创建文字变形、高斯模糊

◎ 学习难度：★☆

9.3.1 案例分析

本实例华丽，整体风格采用比较大胆的颜色，通过基本图像的多种特效处理，使图像赋予了华丽的效果。

9.3.2 实例操作

（1）执行"文件"→"新建"命令弹出"新建"对话框，在如图9-123所示的"新建"对话框中设置新建文件值，名称①处输入文件名称，②处分别设置文件宽度为"1900"像素，高度为"2700"像素，分辨率为"300"像素／英寸，颜色模式设为"RGB"模式，背景内容设置为"白色"，单击③处"确定"按钮。

图9-123

> **提示**：
>
> 文件名称可根据个人的习惯和要求进行自定义的设置。
>
> 设置文件大小的默认单位一般为"像素"，也可更改为"cm"、"mm"等。

（2）选中"背景"图层，选择"渐变工具" 按钮，渐变属性设置如图9-124所示，渐变的三种颜色具体设置为"C：82、M：38、Y：39、K：0"（如图9-125所示），"C：55、M：68、Y：64、K：9"（如图9-126所示），"C：31、M：100、Y：100、K：1"（如图9-127所示）。

图9-124

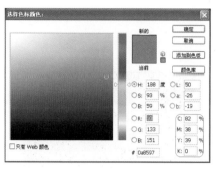

图9-125

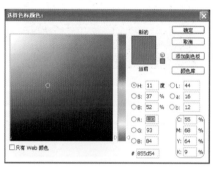

图9-126

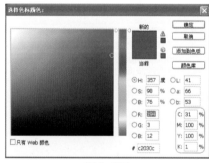

图9-127

（3）按照以上的颜色添加渐变后，效果如图9-128所示。

图9-128

（4）打开素材"文件"→"打开"→"光盘"→"ch09"→"009.psd"，如图9-129所示。

图9-129

（5）选择"选择工具"按钮，将素材"009.psd"复制至文件中，"图层"面板中自动生成"图层1"，如图9-130所示。选中"图层1"，按下"自由变换"快捷键"Ctrl+T"，调整图像大小，如图9-131所示。

图9-130

图9-131

（6）选中"图层1"，右击"图层1"，选择"复制图层"选项，"图层"面板中自动生成"图层1副本"，一直复制到"图层1副本5"，选择"图层"面板中"新建组"按钮，新建"组1"，将"图层1"至"图层1副本5"拖拽至"组1"中，如图9-132所示，按下"自由变换"快捷键"Ctrl+T"，调整图像大小，如图9-133所示。

图9-132

图9-133

（7）选择"横排文字工具"**T**按钮，文字的属性如下设置，字体为"文鼎雕刻体"，如图9-134所示，完成效果如图9-135所示。

图9-134

（8）选择"文字图层"，选择"图层"面板中的"添加图层样式"**fx**按钮，为"文字图层"添加样式，弹出"图层样式"对话框，在对话框中进行设置，勾选"描边"，大小"10"，位置"外部"，混合模式"正常"，不透明度"100"，颜色"C：9、M：35、Y：90、K：0"（如图9-136所示），参数设置如图9-137所示，完成效果如图9-138所示。

图 9-135

图 9-136

图 9-137

图 9-138

(9) 选择"横排文字工具"T.按钮, 文字的属性如下设置, 字体为"文鼎雕刻体", 如图 9-139 所示, 完成效果如图 9-140 所示。

图 9-139

图 9-140

(10) 选择"钢笔工具"按钮, 单击"前景色"按钮设置前景色, 其颜色的具体设置为"黑色", 绘制如图 9-141 所示的图形, 绘制完成"图层"面板中自动生成"形状 1", 图层填充设置为"0", 如图 9-142 所示。

图 9-141

(11) 右击"形状 1", 选择"复制图层"选项, "图层"面板中自动生成"形状 1 副本", 双击部分，更改形状颜色为"白色"，如图9-143所示。

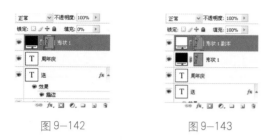

图9-142　　　　　　图9-143

图9-146

(12)选择"滤镜"→"模糊"→"高斯模糊"命令，在弹出的"高斯模糊"对话框中进行设置，如图9-144所示，完成效果如图9-145所示。

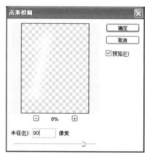

图9-144

图9-147

图9-145

图9-148

(13)按"Ctrl"键并用鼠标单击"形状1"建立选区，选中"形状1副本"，按"Delete"键删除选中部分，如图9-146所示。

(14)步骤同上，新输入的文字效果如图9-147所示，"高斯模糊"的设置如图9-148所示。

(15)选择"横排文字工具"　按钮，文字的属性如下设置，字体为"黑体"，如图9-149所示，完成效果如图9-150所示。

图9-149

(16)选择"直排文字工具"　按钮，文字的属性如下设置，字体为"经典平黑简"，如图9-151所示，完成效果如图9-152所示。

图 9-150

图 9-151

图 9-152

9.3.3 案例小结

　　本案例主要特点为软件的艺术展海报，背景采用渐变并加以点缀，赋予图像以艺术的气息，再配合文字的点缀，整幅作品采用白色透明的字体做点缀，平衡了整体色彩，给人立体华丽、富有艺术感的视觉感受。

第 **10** 章 图像创意特效

10.1 图像创意特效——纺织品宣传广告

　　纺织品的宣传主要选择暖色系作为主要背景颜色，并且该类物品会受到季节的约束，因此在设计过程中要考虑以上两个比较重要的因素。另外，纺织品所面对的消费人群多以中年妇女为主，因此要多考虑该类人群的审美特点，避免过于现代前卫的设计风格。

　　案例最终效果图：

　　◎　制作时间：10分钟

　　◎　知识重点：导入图片、自由变换的应用、横排文字工具、矩形选框工具、更改图层混合模式、添加图层样式

　　◎　学习难度：★★☆

10.1.1 案例分析

　　本例使用了富有生气的绿色作为主要颜色，与画面中的"春"字构成了完美的组合。但也没有与现代气息完全脱离，具有朴实的现代感，整体颜色亮丽，通过基本图像的多种特效处理，使图像赋予了春天的气息。

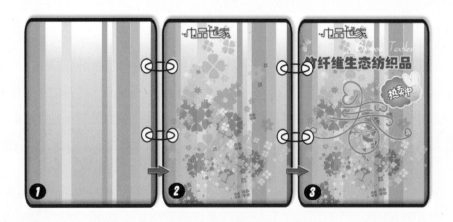

10.1.2 实例操作

(1) 执行"文件"→"新建"命令弹出"新建"对话框，在如图 10-1 所示的"新建"对话框中设置新建文件值，名称①处输入文件名称，②处分别设置文件宽度为"2400"像素，高度为"3500"像素，分辨率为"300"像素／英寸，颜色模式设为"RGB"模式，背景内容设置为"白色"，单击③处"确定"按钮。

图 10-1

提示：

文件名称可根据个人的习惯和要求进行自定义的设置。

设置文件大小的默认单位一般为"像素"，也可更改为"cm"、"mm"等。

(2) 选择"图层"面板中的"新建图层"按钮，新建"图层1"，选择"渐变工具"按钮，渐变颜色设置为"C：38、M：5、Y：71、K：0"（如图 10-2 所示）和"白色"，属性设置如图 10-3 所示，完成效果如图 10-4 所示。

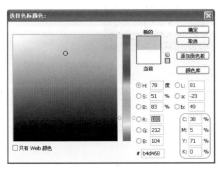

图 10-2

图 10-3

图 10-4

(3) 选择"图层"面板中的"新建图层"按钮，新建"图层2"，选择"矩形选框工具"按钮，绘制选区，单击"前景色"按钮设置前景色，其颜色的具体设置为"C：38、M：5、Y：71、K：0"，如图 10-5 所示，按"Alt+Backspace"快捷键填充背景图层，完成后效果如图 10-6 所示。

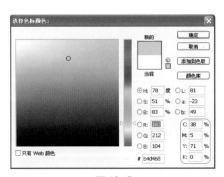

图 10-5

(4) 选择"图层"面板中的"新建图层"按钮，新建"图层3"，选择"矩形选框工具"按钮，绘制选区，单击"前景色" █ 按钮设置前景色，其颜色的具体设置为"C：7、M：2、Y：70、K：0"，如图10-7所示，按"Alt+Backspace"快捷键填充背景图层，完成后效果如图10-8所示。

图10-6

图10-7

图10-8

(5) 选择"图层"面板中的"新建图层" █ 按钮，新建"图层4"，选择"矩形选框工具" █ 按钮，绘制选区，单击"前景色" █ 按钮设置前景色，其颜色的具体设置为"C：69、M：36、Y：100、K：0"，如图10-9所示，按"Alt+Backspace"快捷键填充背

景图层，完成后效果如图10-10所示。

图10-9

图10-10

(6) 选择"图层"面板中的"新建图层" █ 按钮，新建"图层5"，选择"矩形选框工具" █ 按钮，绘制选区，单击"前景色" █ 按钮设置前景色，其颜色的具体设置为"C：7、M：3、Y：86、K：0"，如图10-11所示，按"Alt+Backspace"快捷键填充背景图层，完成后效果如图10-12所示。

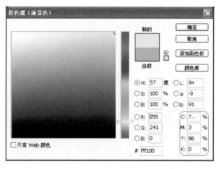

图10-11

(7) 选择"图层"面板中的"新建图层" █ 按钮，新建"图层6"，选择"矩形选框工具" █ 按钮，绘制选区，单击"前景色" █ 按钮设置前景色，其颜色

的具体设置为"C：69、M：36、Y：100、K：0"，如图 10-13 所示，按"Alt+Backspace"快捷键填充背景图层，完成后效果如图 10-14 所示。

图 10-12

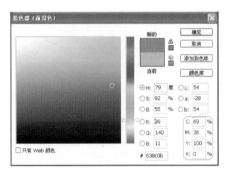

图 10-13

图 10-14

(8) 选择"图层"面板中的"新建图层"按钮，新建"图层 7"和"图层 8"，选择"矩形选框工具"按钮，分别在"图层 7"和"图层 8"绘制选区，单击"前景色"按钮设置前景色，其颜色的具体设置为"C：69、M：36、Y：100、K：0"，如图 10-15 所示，按"Alt+Backspace"快捷键填充背景图层，完成后效果如图 10-16 所示。

图 10-15

图 10-16

(9) 选择"图层"面板中的"新建图层"按钮，新建"图层 9"，选择"矩形选框工具"按钮，绘制选区，单击"前景色"按钮设置前景色，其颜色的具体设置为"C：38、M：5、Y：71、K：0"，如图 10-17 所示，按"Alt+Backspace"快捷键填充背景图层，完成后效果如图 10-18 所示。

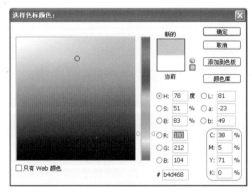

图 10-17

(10) 打开素材"文件"→"打开"→"光盘"→"ch010"→"001.psd"，如图 10-19 所示。

图 10—18

图 10—19

（11）选择"选择工具" 按钮，将素材"001.psd"复制至文件中，"图层"面板中自动生成"图层10"，图层不透明度设置为"50"，如图10—20所示。选中"图层10"，按下"自由变换"快捷键"Ctrl+T"，调整图像大小，如图10—21所示。

图 10—20

图 10—21

（12）打开素材"文件"→"打开"→"光盘"→"ch010"→"002.psd"，如图10—22所示。

图 10—22

（13）选择"选择工具" 按钮，将素材"002.psd"复制至文件中，"图层"面板中自动生成"图层11"，如图10—23所示。选中"图层11"，按下"自由变换"快捷键"Ctrl+T"，调整图像大小，如图10—24所示。

图 10—23

图 10—24

（14）选择"图层 11"，选择"图层"面板中的"添加图层样式"![fx]按钮，弹出"图层样式"对话框，在对话框中进行设置，勾选"外发光"，混合模式"正常"，颜色设置为"C：7、M：3、Y：86、K：0"（如图 10-25 所示），不透明度"100"，杂色"0"，方法"精确"，扩展"5"，大小"10"，等高线"线性"，范围"50"，抖动"0"，如图 10-26 所示，完成效果如图 10-27 所示。

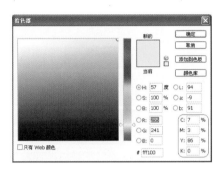

图 10-25

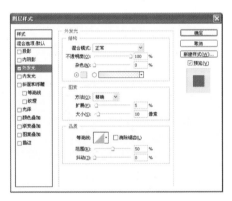

图 10-26

图 10-27

（15）打开素材"文件"→"打开"→"光盘"→"ch010"→"003.psd"，如图 10-28 所示。

图 10-28

（16）选择"选择工具"![箭头]按钮，将素材"003.psd"复制至文件中，"图层"面板中自动生成"图层 12"，如图 10-29 所示。选中"图层 12"，按下"自由变换"快捷键"Ctrl+T"，调整图像大小，如图 10-30 所示。

图 10-29

图 10-30

（17）选择"图层 12"，选择"图层"面板中的"添加图层样式"![fx]按钮，弹出"图层样式"对话框，在对话框中进行设置，勾选"外发光"，混合模式"正常"，颜色设置为"C：7、M：3、Y：86、K：0"（如图 10-31 所示），不透明度"100"，杂色"0"，方法"精确"，扩展"5"，大小"10"，等高线"线性"，范围"50"，抖动"0"，如图 10-32 所示，完成效果如图 10-33 所示。

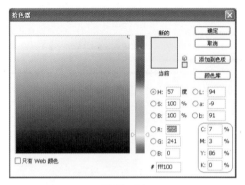

图10-31

图10-34

图10-32

图10-35

图10-33

图10-36

(20) 选择"横排文字工具"T.按钮,文字的属性设置为字体 SF Burlington scrip,如图10-37所示,输入完成"图层"面板中自动生成文字图层,如图10-38所示,完成效果如图10-39所示。

(18) 打开素材"文件"→"打开"→"光盘"→"ch010"→"004.psd",如图10-34所示。

(19) 选择"选择工具"按钮,将素材"004.psd"复制至文件中,"图层"面板中自动生成"图层13",如图10-35所示。选中"图层13",按下"自由变换"快捷键"Ctrl+T",调整图像大小,如图10-36所示。

SF Burlington S ✔	Regular ✔
T 72 点 ✔	¹ᴬ (自动) ✔
IT 100%	T 100%
ₐ 0%	
AV 0	VA 0
Aₐ 0 点	颜色:
T T TT Tr T¹ T, T T̄	
美国英语 ✔	aa 浑厚 ✔

图10-37

图 10-38

图 10-39

(21) 打开素材"文件"→"打开"→"光盘"→"ch010"→"005.psd",如图 10-40 所示。

图 10-40

(22) 选择"选择工具"按钮,将素材"005.psd"复制至文件中,"图层"面板中自动生成"图层 14",如图 10-41 所示。选中"图层 14",按下"自由变换"快捷键"Ctrl+T",调整图像大小,如图 10-42 所示。

图 10-41

图 10-42

(23) 选中"图层 14",右击选择"复制图层"选项,"图层"面板中自动生成"图层 14 副本",如图 10-43 所示,完成效果如图 10-44 所示。

图 10-43

图 10-44

(24) 选择"横排文字工具"T.按钮,文字的属性设置为字体"汉仪圆叠体简",如图 10-45 所示,文字颜色设置为"C:52、M:72、Y:100、K:19",如图 10-46 所示,完成效果如图 10-47 所示。

(25) 选择"文字图层",选择"图层"面板中的"添加图层样式"fx.按钮,弹出"图层样式"对话框,在对话框中进行设置,勾选"描边",大小"20",位置"外部",混合模式"正常",不透明度

"100"，颜色设置为"C：7、M：3、Y：86、K：0"
（如图10 48所示），如图10 49所示，完成效果如
图10—50所示。

图 10-45

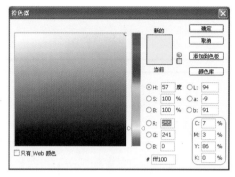

图 10-48

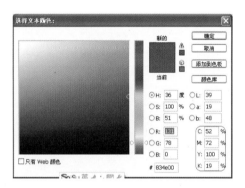

图 10-46

图 10-49

图 10-47

图 10-50

10.1.3 案例小结

　　本案例主要制作纺织类产品的广告宣传，背景使用渐变和有色的矩形长条，赋予图像如春天般
的生机盎然，配合文字的点缀，整幅作品采用可爱的蝴蝶和花做点缀，平衡了整体色彩，给人舒服
的视觉感受。

10.2　图像创意特效——餐饮广告

区别于上节中的案例，本节中的案例虽然同样以绿色为主色系，但其推崇的是健康和诱人的美味，而绿色是最代表这两个方面的颜色。作为综合案例，在该案例中应用了多种工具、图层样式、图层混合的模式等，通过 Photoshop CS4 的强大图像处理功能，巧妙地拼合成一幅综合效果的新作品。

◎　制作时间：15 分钟

◎　知识重点：导入图片、自由变换的应用、横排文字
　　　　　　　工具、矩形选框工具、添加图层样式、
　　　　　　　钢笔工具、渐变工具

◎　学习难度：☆

10.2.1　案例分析

本案例以健康的绿色为主选颜色，辅助了广告，一方面，宣传了该食品的健康，另一方面，又添加了食品的视觉美感，起到一举两得的作用。

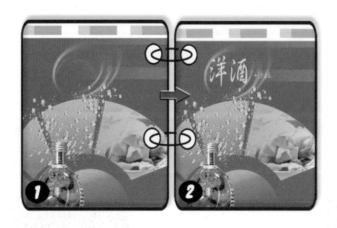

10.2.2 实例操作

（1）执行"文件"→"新建"命令弹出"新建"对话框，在如图10-51所示的"新建"对话框中设置新建文件值，名称①处输入文件名称，②处分别设置文件宽度为"2800"像素，高度为"3500"像素，分辨率为"300"像素／英寸，颜色模式设为"RGB"模式，背景内容设置为"白色"，单击③处"确定"按钮。

图10-53

（3）选择"图层"面板中的"新建图层"按钮，新建"图层2"，选中"图层2"，选择"矩形选框工具"按钮，按"Shift"键并用鼠标拖拽绘制正圆形选区，选择"渐变工具"按钮，渐变属性设置如图10-54所示，渐变的颜色设置为"C：43、M：2、Y：95、K：0"（如图10-55所示）和"C：98、M：23、Y：99、K：5"（如图10-56所示），完成渐变填充效果如图10-57所示。

图10-51

提示：

文件名称可根据个人的习惯和要求进行自定义的设置。

设置文件大小的默认单位一般为"像素"，也可更改为"cm"、"mm"等。

（2）选择"图层"面板中的"新建图层"按钮，新建"图层1"，选中"图层1"，选择"矩形选框工具"按钮，绘制选区，单击"前景色"按钮设置前景色，其颜色的具体设置为"C：98、M：24、Y：100、K：5"，如图10-52所示，按"Alt+Backspace"快捷键填充背景图层如图10-53所示。

图10-54

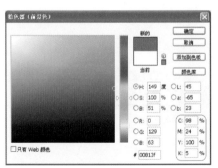

图10-52

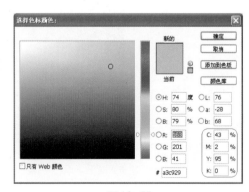

图10-55

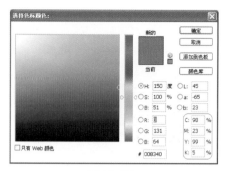

图 10-56

图 10-57

（4）选择"钢笔工具" 按钮，利用钢笔工具配合"点转换工具" 按钮，进行绘制，绘制如图 10-58 所示的路径。选择"图层"面板中的"新建图层"按钮，新建"图层 3"，选中"形状 1"，按"Delete"键删除。

图 10-58

（5）选择"渐变工具" 按钮，渐变属性设置如图 10-59 所示，渐变的颜色设置为"C：43、M：2、Y：95、K：0"（如图 10-60 所示）和"C：98、M：23、Y：99、K：5"（如图 10-61 所示），完成渐变填充效果如图 10-62 所示。

图 10-59

图 10-60

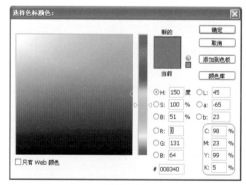

图 10-61

图 10-62

（6）选择"钢笔工具" 按钮，利用钢笔工具配合"点转换工具" 按钮，进行绘制，绘制如图10—63所示的路径，选择"图层"面板中的"新建图层"按钮，新建"图层4"，选中"形状1"，按"Delete"键删除。

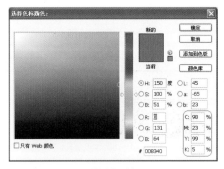

图10—66

图10—63

（7）选择"渐变工具" 按钮，渐变属性设置如图10—64所示，渐变的颜色设置为"C：43、M：2、Y：95、K：0"（如图10—65所示）和"C：98、M：23、Y：99、K：5"（如图10—66所示），完成渐变填充效果如图10—67所示。

图10—67

（8）选择"钢笔工具" 按钮，利用钢笔工具配合"点转换工具" 按钮，进行绘制，绘制如图10—68所示的路径。选择"图层"面板中的"新建图层"按钮，新建"图层5"，选中"形状1"，按"Delete"键删除。

图10—64

图10—68

（9）选择"渐变工具" 按钮，渐变属性设置如图10—69所示，渐变的颜色设置为"C：43、M：2、Y：95、K：0"（如图10—70所示）和"C：98、M：23、Y：99、K：5"（如图10—71所示），完成渐变填充效果如图10—72所示。

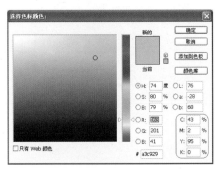

图10—65

图10-69

图10-70

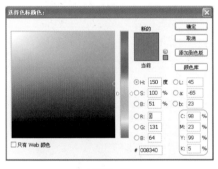

图10-71

图10-72

(10) 选择"钢笔工具" ⌖.按钮，利用钢笔工具配合"点转换工具" ⌐.按钮，进行绘制，单击"前景色" ⌷按钮设置前景色，其颜色的具体设置为"C：98、M：23、Y：99、K：5"，如图10-73所示，绘制完成如图10-74所示。

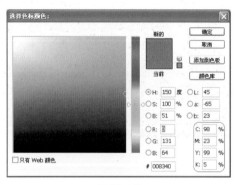

图10-73

图10-74

(11) 选择"图层"面板中的"新建组" ⌷按钮，新建"组1"，将"图层3"至"形状4"拖放至"组1"中，如图10-75所示。

图10-75

(12) 打开素材"文件" → "打开" → "光盘" → "ch011" → "006.gif"，如图10-76所示。

(13) 选择"选择工具" ⌷按钮，将素材"006.gif"复制至文件中，"图层"面板中自动生成"图层6"，如图10-77所示。选中"图层6"，按下"自由变换"快捷键"Ctrl+T",调整图像大小,如图10-78所示。

图10-76

图10-79

图10-77

图10-80

图10-78

图10-81

(14)选择"图层"面板中的"新建图层"按钮,新建"图层7",选中"图层7",选择"矩形选框工具"按钮,绘制选区,单击"前景色"按钮设置前景色,其颜色的具体设置为"C:18、M:6、Y:90、K:0",如图10-79所示,按"Alt+Backspace"快捷键填充背景图层,如图10-80所示。

(15)选中"图层7",右击,选择"复制图层"选项,"图层"面板中自动生成"图层7副本",按下"自由变换"快捷键"Ctrl+T",调整图像位置,如图10-81所示。

(16)选中"图层4",右击选择"复制图层"选项,"图层"面板中自动生成"图层7副本2",按下"自由变换"快捷键"Ctrl+T",调整图像位置,如图10-82所示。

(17)选择"图层"面板中的"新建图层"按钮,新建"图层8",选中"图层8",选择"矩形选框工具"按钮,绘制选区,单击"前景色"按钮设置前景色,其颜色的具体设置为"C:54、M:8、Y:93、K:0",如图10-83所示,按"Alt+Backspace"快捷键填充背景图层,如图10-84所示。

图10-82

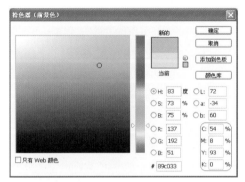

图10-83

图10-84

图10-85

图10-86

（20）打开素材〝文件〞→〝打开〞→〝光盘〞→〝ch011〞→〝007.gif〞，如图10-87所示。

图10-87

（18）选中〝图层8〞，右击选择〝复制图层〞选项，〝图层〞面板中自动生成〝图层8副本〞，按下〝自由变换〞快捷键〝Ctrl+T〞，调整图像位置，如图10-85所示。

（19）选中〝图层8〞，右击选择〝复制图层〞选项，〝图层〞面板中自动生成〝图层8副本2〞，按下〝自由变换〞快捷键〝Ctrl+T〞，调整图像位置，如图10-86所示。

（21）选择〝选择工具〞按钮，将素材〝007.gif〞复制至文件中，〝图层〞面板中自动生成〝图层9〞，如图10-88所示。选中〝图层9〞，按下〝自由变换〞快捷键〝Ctrl+T〞，调整图像大小，如图10-89所示。

（22）打开素材〝文件〞→〝打开〞→〝光盘〞→〝ch011〞→〝008.gif〞，如图10-90所示。

图 10-88

图 10-89

图 10-90

（23）选择"选择工具" 按钮，将素材"008.
gif"复制至文件中，"图层"面板中自动生成"图
层 10"，如图 10-91 所示。选中"图层 10"，按下
"自由变换"快捷键"Ctrl+T"，调整图像大小，如
图 10-92 所示。

图 10-91

图 10-92

（24）打开素材"文件"→"打开"→"光盘"
→"ch011"→"009.gif"，如图 10-93 所示。

图 10-93

（25）选择"选择工具" 按钮，将素材"009.
gif"复制至文件中，"图层"面板中自动生成"图
层 11"，如图 10-94 所示。选中"图层 11"，按下
"自由变换"快捷键"Ctrl+T"，调整图像大小，如
图 10-95 所示。

图 10-94

（26）选择"图层"面板中的"新建图层" 按
钮，新建"图层 12"，选中"图层 12"，选择"矩形
选框工具" 按钮，绘制选区，单击"前景色"
按钮设置前景色，其颜色的具体设置为"C：18、

M：0、Y：66、K：0"，如图10-96所示，按"Alt+ Backspace"快捷键填充背景图层，如图10-97所示，在"图层"面板中设置图层不透明度为"20%"，如图10-08所示。

图10-95

图10-96

图10-97

图10-98

(27) 选择"图层"面板中"添加图层蒙版" 按钮，选择"渐变工具"绘制蒙版，如图10-99所示，完成效果如图10-100所示。

图10-99

图10-100

(28) 选中"图层12"，右击选择"复制图层"选项，"图层"面板中自动生成"图层12副本"，按下"自由变换"快捷键"Ctrl+T"，调整图像位置，如图10-101所示。

图10-101

(29) 选中"图层12"，右击选择"复制图层"选项，"图层"面板中自动生成"图层12副本2"，按下"自由变换"快捷键"Ctrl+T"，调整图像位置，如图10-102所示。

(30) 选择"横排文字工具" T 按钮，文字属性

设置如下，字体为"经典行书简"，字体大小为
"152.68点"，如图10-103所示，完成效果如图
10-104所示。

图10-102

图10-103

图10-104

（31）选择"文字图层"，选择"图层"面板中
的"添加图层样式"fx按钮，弹出"图层样式"对
话框，在对话框中进行设置，勾选"斜面和浮雕"，
样式"内斜面"，方法"平滑"，深度"100"，方向
"下"，大小"0"，软化"0"，角度"165"，高度"30"，
光泽等高线"线性"，高光模式"滤色"，颜色"白
色"，不透明度"75"，阴影模式"正片叠底"，颜色
"黑色"，不透明度"75"，如图10-105所示。

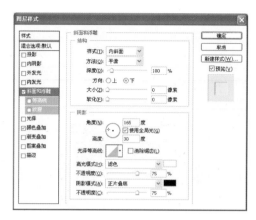

图10-105

（32）勾选"颜色叠加"，混合模式"正常"，颜
色"C：7、M：3、Y：86、K：0"（如图10-106所
示），不透明度"100"，如图10-107所示，完成效
果如图10-108所示。

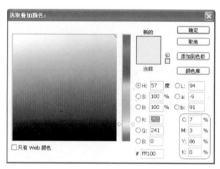

图10-106

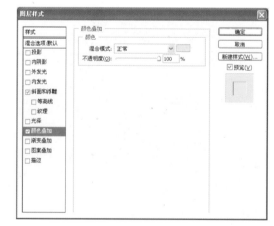

图10-107

（33）选择"横排文字工具"T按钮，文字属性
设置如下，字体为"楷体"，字体大小为"36点"，
如图10-109所示，完成效果如图10-110所示。

图 10—108

图 10—109

图 10—110

10.2.3 案例小结

　　本案例主要特点是颜色统一，背景使用绿色，再搭配黄色赋予图像优雅醉人的效果，加之文字的点缀，整幅作品采用水滴做点缀也为环面增加了立体感。

第 **11** 章　综合案例

11.1　综合案例——网络互动页面

网络，一个极具互动特性的全新媒体，使用它能做到在厂商与用户之间实现双向的沟通。本节就来制作一个让人眼前一亮的网络互动页面。

案例最终效果图：

◎　制作时间：30 分钟

◎　知识重点：导入图片、自由变换的应用、横排文字工具、直排文字工具、钢笔工具

◎　学习难度：★★★☆

11.1.1　案例分析

本实例整体色彩艳丽，是典型的互动性网页页面的效果图，抢眼的颜色再通过基本图像的多种特效处理，使图像赋予了海洋的气息。

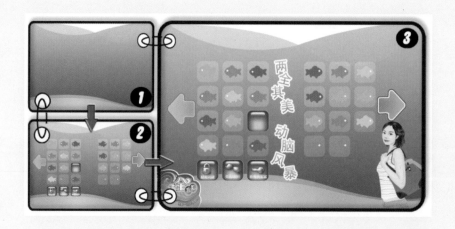

11.1.2　实例操作

（1）执行"文件"→"新建"命令弹出"新建"对话框，在如图11-1所示的"新建"对话框中设置新建文件值，名称①处输入文件名称，②处分别设置文件宽度为"3000"像素，高度为"2000"像素，分辨率为"300"像素／英寸，颜色模式设为"RGB"模式，背景内容设置为"白色"，单击③处"确定"按钮。

图11-1

> **提示：**
>
> 　　文件名称可根据个人的习惯和要求进行自定义的设置。
> 　　设置文件大小的默认单位一般为"像素"，也可更改为"cm"、"mm"等。

（2）选择"钢笔工具"按钮，配合"转换点工具"按钮，绘制如图11-2所示图形，在路径处单击鼠标右键，执行"建立选区"命令，将路径转化为选区，弹出"建立选区"对话框，在对话框中进行设置，如图11-3所示。

图11-2

图11-3

（3）选择"图层"面板中的"新建图层"按钮，新建"图层1"，选中"图层1"，选择"渐变工具"按钮，为"图层1"添加渐变，渐变属性设置如图11-4所示，具体渐变颜色为"C：40、M：5、Y：17、K：0"（如图11-5所示）和"C：86、M：60、Y：4、K：0"（如图11-6所示），选中"形状1"，按"Delete"键删除，添加渐变完成如图11-7所示。

图11-4

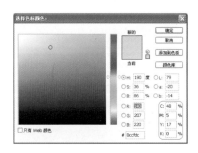

图11-5

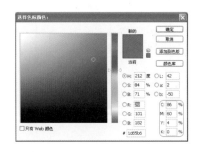

图11-6

图11-7

（4）选择"钢笔工具" ◊.按钮，配合"转换点
工具" ▷.按钮，绘制如图11—8所示图形，在路径处
单击鼠标右键，执行"建立选区"命令，将路径转
化为选区，弹出"建立选区"对话框，在对话框中
进行设置，如图11—9所示。

图11—8

图11—9

（5）选择"图层"面板中的"新建图层" ▫按钮，
新建"图层2"，选中"图层2"，选择"渐变工具"
▫.按钮，为"图层2"添加渐变，渐变属性设置如图
11—10所示，具体渐变颜色为"C：48、M：5、Y：17、
K：0"（如图11—11所示）和"C：86、M：60、Y：4、
K：0"（如图11—12所示），选中"形状1"，按"Delete"
键删除，添加渐变完成如图11—13所示。

图11—10

图11—11

图11—12

图11—13

（6）选择"钢笔工具" ◊.按钮，配合"转换点
工具" ▷.按钮，绘制如图11—14所示图形，在路径
处单击鼠标右键，执行"建立选区"命令，将路径
转化为选区，弹出"建立选区"对话框，在对话框
中进行设置，如图11—15所示。

图11—14

图11—15

（7）选择"图层"面板中的"新建图层" ▫按钮，
新建"图层3"，选中"图层3"，选择"渐变工具"
▫.按钮，为"图层3"添加渐变，选择"径向渐变"
▫.▬ ▫▫▫▫，渐变属性设置如图11—16所示，具
体渐变颜色为"C：75、M：23、Y：18、K：0"（如
图11—17所示）和"C：68、M：0、Y：10、K：0"
（如图11—18所示），选中"形状1"，按"Delete"键

删除，添加渐变完成如图11-19所示。

图11-16

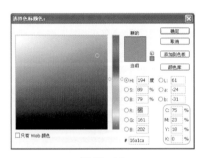

图11-17

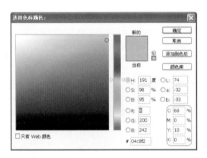

图11-18

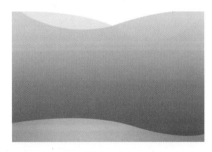

图11-19

(8) 选择"钢笔工具" 按钮，配合"转换点工具" 按钮，绘制如图11-20所示图形，在路径处单击鼠标右键，执行"建立选区"命令，将路径转化为选区，弹出"建立选区"对话框，在对话框中进行设置如图11-21所示。

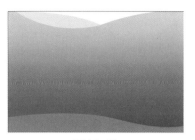

图11-20

图11-21

(9) 选择"图层"面板中的"新建图层" 按钮，新建"图层4"，选中"图层4"，选择"渐变工具" 按钮，为"图层4"添加渐变，选择"径向渐变" ，渐变属性设置如图11-22所示，具体渐变颜色为"C：47、M：0、Y：93、K：0"（如图11-23所示）和"C：29、M：0、Y：65、K：0"（如图11-24所示），选中"形状1"，按"Delete"键删除，添加渐变完成如图11-25所示。

图11-22

图11-23

图 11-24

图 11-28

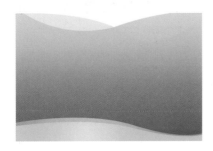

图 11-25

(10) 选择 "圆角矩形工具" ■按钮，单击 "前景色" ■按钮设置前景色，其颜色的具体设置为 "白色"，绘制如图 11-26 所示的形状，设置图层不透明度为 "20%"，如图 11-27 所示。

(12) 依次复制出 "形状 1 副本 2"、"形状 1 副本 3"、"形状 1 副本 4"、"形状 1 副本 5"、"形状 1 副本 6"、"形状 1 副本 7"，如图 11-29 所示，完成效果如图 11-30 所示。

图 11-29

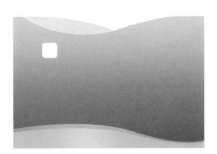

图 11-26

图 11-27

(11) 选中 "形状 1"，右击选择 "复制图层" 选项，"图层" 面板中自动生成 "形状 1 副本"，按下 "自由变换" 快捷键 "Ctrl+T"，调整图像位置，如图 11-28 所示。

图 11-30

(13) 选中 "形状 1"，右击选择 "复制图层" 选项，"图层" 面板中自动生成 "形状 1 副本 8"，按下 "自由变换" 快捷键 "Ctrl+T"，调整图像位置。选择 "形状 1 副本 8"，选择 "图层" 面板中的 "添加图层样式" fx.按钮，弹出 "图层样式" 对话框，在对话框中进行设置，勾选 "内阴影" 选项，混合模式 "正片叠底"，颜色设置为 "C：91、M：79、Y：19、K：0"（如图 11-31 所示）不透明度 "85"，角度 "90"，距离 "46"，阻塞 "25"，大小 "92"，等高线 "半圆"，杂色 "0"，如图 11-32 所示。

图 11-31

图 11-32

（14）勾选"内发光"选项，混合模式"正片叠底"，不透明度"50,"杂色"0"，颜色设置为"C：90、M：78、Y：19、K：0"（如图11-33所示），方法"柔和"，源"边缘"，阻塞"0"，大小"33"，等高线"线性"，范围"50"，抖动"0"，如图11-34所示。

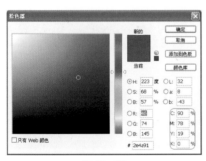

图 11-33

图 11-34

（15）勾选"斜面和浮雕"，样式"内斜面"，方法"平滑"，深度"100"，方向"上"，大小"46"，软化"13"，角度"90"，高度"67"，光泽等高线"线性"，高光模式"滤色"，颜色"白色"，不透明度"100"，阴影模式"正片叠底"，颜色"黑色"，不透明度"100"，如图11-35所示。

图 11-35

（16）完成以上步骤效果如图11-36所示。

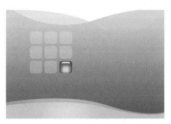

图 11-36

（17）选中"形状1"，复制生成"形状1副本9"，"形状1副本10"，"形状1副本11"，如图11-37所示，按下"自由变换"快捷键"Ctrl+T"，调整图像位置，如图11-38所示。

图 11-37

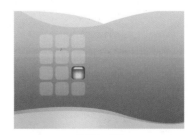

图 11-38

（18）选中"形状1副本8"，右击选择"拷贝图层样式"选项，如图11-39所示，再依次为"形状1副本12"、"形状1副本13"、"形状1副本14"粘贴图层样式，完成效果如图11-40所示。

图11-39

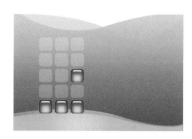

图11-40

（19）选择"图层"面板中的"新建组" 按钮，新建"组1"，将"形状1"至"形状1副本14"拖拽至"组1"中，如图11-41所示。

图11-41

（20）选中"组1"，右击选择"复制组"选项，删除多余的图层，右击带有图层样式的图层，选择"清除图层样式"选项，如图11-42所示，删除完成后效果如图11-43所示。

图11-42

图11-43

（21）选择"钢笔工具" 按钮，配合"转换点工具" 按钮，单击"前景色" 按钮设置前景色，其颜色的具体设置为"C：32、M：84、Y：10、K：0"（如图11-44所示），绘制图形如图11-45所示。

图11-44

图11-45

（22）选择"图层"面板中的"新建图层" 按钮，新建"图层5"，选中"图层5"，选择"前景色" 按钮设置前景色，其颜色的具体设置为"C：31、M：71、Y：100、K：0"（如图11-46所示），按"Alt+Backspace"快捷键填充颜色，选择"椭圆选框工具"按钮，按"Shift+鼠标"拖拽绘制正圆形选区，按"Delete"键删除选中部分，如图11-47所示。

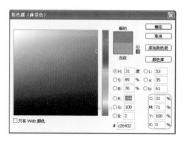

图11-46

图11—47

(23) 选中"图层5",复制图层,生成"图层5副本",选中"图层5副本",按"Ctrl"键并用鼠标单击"图层5副本"建立选区,选择"前景色"■按钮设置前景色,其颜色的具体设置为"C：28、M：62、Y：0、K：0"(如图11—48所示),按"Alt+Backspace"快捷键填充颜色。

图11—48

(24) 选中"图层5",复制图层,生成"图层5副本2",选中"图层5副本2",按"Ctrl"键并用鼠标单击"图层5副本2"建立选区,选择"前景色"■按钮设置前景色,其颜色的具体设置为"C：6、M：14、Y：87、K：0"(如图11—49所示),按"Alt+Backspace"快捷键填充颜色。

图11—49

(25) 选中"图层5",复制图层,生成"图层5副本3",选中"图层5副本3",按"Ctrl"键并用鼠标单击"图层5副本3"建立选区,选择"前景色"■按钮设置前景色,其颜色的具体设置为"C：31、M：71、Y：100、K：0"(如图11—50所示),按"Alt+Backspace"快捷键填充颜色。

图11—50

(26) 选中"图层5",复制图层,生成"图层5副本4",选中"图层5副本4",按"Ctrl"键并用鼠标单击"图层5副本4"建立选区,选择"前景色"■按钮设置前景色,其颜色的具体设置为"C：44、M：0、Y：95、K：0"(如图11—51所示),按"Alt+Backspace"快捷键填充颜色。

图11—51

(27) 完成以上步骤,继续复制图层至"图层5副本10",更改颜色,达到以下效果,如图11—52所示。

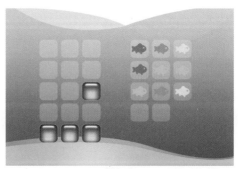

图11—52

(28) 绘制步骤如 (23) ~ (26) 所示,完成后,选择"编辑"→"变换"→"水平翻转"命令,如图11—53所示,效果如图11—54所示。

图 11-53

图 11-56

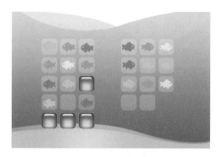

图 11-54

图 11-57

（29）选择"钢笔工具" 按钮，配合"转换点工具" 按钮，单击"前景色" 按钮设置前景色，其颜色的具体设置为"黑色"，绘制图形如图11-55所示。

图 11-58

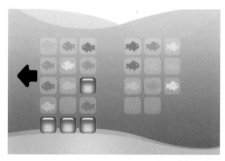

图 11-55

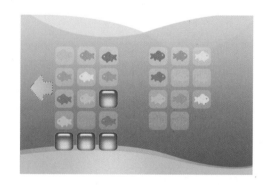

图 11-59

（30）按"Ctrl"键并用鼠标单击"形状3"建立选区，选择"图层"面板中的"新建图层" 按钮，新建"图层6"，选中"图层6"，选择"渐变工具" 按钮，为"图层6"添加渐变，选择"径向渐变"，渐变属性设置如图11-56所示，设置渐变颜色为"C：52、M：4、Y：19、K：0"（如图11-57所示）和"C：67、M：14、Y：15、K：0"（如图11-58所示），添加渐变完成后效果如图11-59所示。

（31）选择"编辑"→"描边"命令，如图11-60所示，在弹出的"描边"对话框中进行设置，宽度"5"，颜色为"C：47、M：3、Y：1、K：0"（如图11-61所示），对话框设置如图11-62所示。

图 11-60

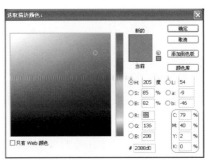

图 11-64

图 11-61

图 11-65

(33) 完成描边后效果如图 12-66 所示。

图 11-62

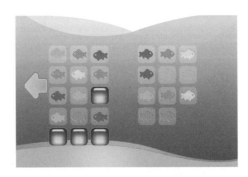

图 11-66

(32) 选择"编辑"→"描边"命令，如图 11-63
所示，在弹出的"描边"，对话框中进行设置，宽度
"5"，颜色为"C: 79、M: 40、Y: 2、K: 0"（如图
11-64 所示），对话框设置如图 11-65 所示。

(34) 选择"钢笔工具" 按钮，配合"转换点
工具" 按钮，单击"前景色" 按钮设置前景色，
其颜色的具体设置为"黑色"，绘制如图 11-67 所
示图形。

图 11-63

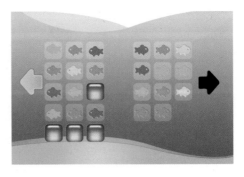

图 11-67

（35）按"Ctrl"键并用鼠标单击"形状4"建立选区，选择"图层"面板中的"新建图层"按钮，新建"图层7"，选中"图层7"，选择"渐变工具"按钮为"图层7"添加渐变，选择"径向渐变"，渐变属性设置如图12-68所示，设置渐变颜色为"C：52、M：4、Y：19、K：0"（如图11-69所示）和"C：67、M：14、Y：15、K：0"（如图11-70所示），添加渐变完成后效果如图11-71所示。

图11-68

图11-69

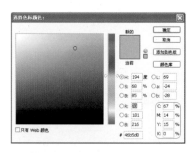

图11-70

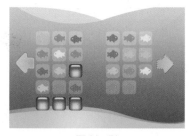

图11-71

（36）选择"编辑"→"描边"命令，如图11-72所示，在弹出的"描边"对话框中进行设置，宽度"5"，颜色为"白色"，对话框设置如图11-73所示。

图11-72

图11-73

（37）选择"编辑"→"描边"命令，如图11-74所示，在弹出的"描边"对话框中进行设置，宽度"5"，颜色为"C：88、M：59、Y：6、K：0"（如图11-75所示），对话框设置如图11-76所示。

图11-74

图11-75

图11-76

（38）完成描边后效果如图11-77所示。

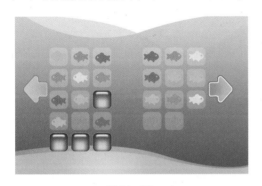

图11-77

（39）打开素材"文件"→"打开"→"光盘"
→"ch011"→"001.gif"，如图11-78所示。

图11- 78

（40）选择"选择工具" 按钮，将素材"001.
gif"复制至文件中，"图层"面板中自动生成"图
层8"，如图11-79所示。选中"图层8"，按下"自
由变换"快捷键"Ctrl+T"，调整图像大小，如图
11-80所示。

图11-79

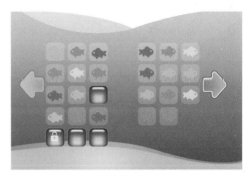

图11-80

（41）打开素材"文件"→"打开"→"光盘"
→"ch011"→"002.gif"，如图11-81所示。

图11- 81

（42）选择"选择工具" 按钮，将素材"002.
gif"复制至文件中，"图层"面板中自动生成"图
层9"，如图11-82所示。选中"图层9"，按下
"自由变换"快捷键"Ctrl+T"，调整图像大小，如
图11-83所示。

图11-82

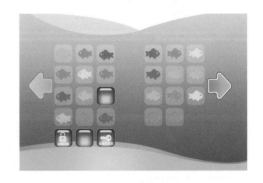

图11-83

（43）选择"横排文字工具" 按钮，文字具体
设置如下，字体为"黑体"，大小为"10点"，如图
11-84所示，输入文字完成如图11-85所示。

图 11-84

图 11-85

（44）打开素材"文件"→"打开"→"光盘"→"ch011"→"003.gif"，如图 11-86 所示。

图 11-86

（45）选择"选择工具" 按钮，将素材"003.gif"复制至文件中，"图层"面板中自动生成"图层 10"，如图 11-87 所示。选中"图层 10"，按下"自由变换"快捷键"Ctrl+T"，调整图像大小，如图 11-88 所示。

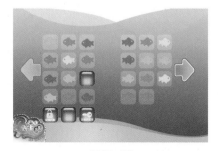

图 11-87

图 11-88

（46）打开素材"文件"→"打开"→"光盘"→"ch011"→"004.gif"，如图 11-89 所示。

图 11-89

（47）选择"选择工具" 按钮，将素材"004.gif"复制至文件中，"图层"面板中自动生成"图层 11"，如图 11-90 所示。选中"图层 11"，按下"自由变换"快捷键"Ctrl+T"，调整图像大小，如图 11-91 所示。

图 11-90

图 11-91

（48）选择"直排文字工具" 按钮，文字具体设置如下，字体为"黑体"，大小为"36 点"，如图 11-92 所示，按"自由变换"快捷键"Ctrl+T"调整图像角度，完成效果如图 11-93 所示。

图11-92

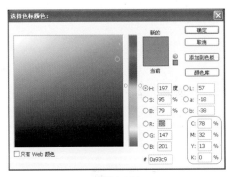

图11-93

(49) 选择"文字图层",选择"图层"面板中的"添加图层样式" *fx* 按钮,弹出"图层样式"对话框,在对话框中进行设置,勾选"渐变叠加",混合模式"正常",不透明度"100",渐变颜色设置为"C:78、M:32、Y:13、K:0"(如图11-94所示)和"C:62、M:0、Y:3、K:0"(如图11-95所示),样式"线性",角度"90",缩放"100",如图11-96所示。

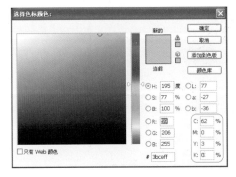

图11-94

图11-95

图11-96

(50) 勾选"描边",大小"16",位置"外部",混合模式"正常",不透明度"100",填充类型"颜色",颜色"白色",如图11-97所示,完成效果如图11-98所示。

图11-97

图11-98

(51) 参照以上步骤绘制文字,完成效果如图11-99所示。

图11-99

313

11.1.3 案例小结

　　本案例主要特点是活泼可爱，背景使用蓝色的渐变效果带有几分大海的气息，再搭配各种颜色的小鱼给湛蓝的背景添加了几分生机，配合文字的点缀，整幅作品采用时尚的人物做点缀为画面增加了华丽感。

11.2 综合案例——炫动潮流

　　"炫"指的是光彩炫目，"潮流"则指的是个性，时尚，放在一起指的就是炫目的美或是炫目的时尚。本节制作的是以炫目、个性、时尚为主题的炫动潮流的唯美图像。

　　案例最终效果图：

◎　制作时间：20 分钟

◎　知识重点：导入图片、自由变换的应用、横排文字工具、直排文字工具、钢笔工具

◎　学习难度：★★★★

11.2.1 案例分析

　　本案例整体风格可爱、梦幻。粉色的渐变背景衬托出可爱的画面效果。再搭配绚丽、丰富的花纹素材，使整体感觉艳丽、多彩。但花纹的效果过于艳丽，看上去比较凌乱，黑白效果的人物素材的运用，平衡了色彩，弥补了不足，使画面更加完善，最终达到了细腻、甜美的画面效果。

11.2.2　实例操作

（1）执行"文件"→"新建"命令弹出"新建"对话框，在如图11-100所示的"新建"对话框中设置新建文件值，名称①处输入文件名称，②处分别设置文件宽度为"1100"像素，高度为"900"像素，分辨率为"300"像素／英寸，颜色模式设为"RGB"模式，背景内容设置为"白色"，单击③处"确定"按钮。

图 11-100

> **提示：**
>
> 　　文件名称可根据个人的习惯和要求进行自定义的设置。
>
> 　　设置文件大小的默认单位一般为"像素"，也可更改为"cm"、"mm"等。

（2）选择"图层"面板中的"创建新图层" 按钮，"图层"面板中自动生成"图层1"，选择"渐变工具" 按钮，渐变颜色设置为"C：7、M：33、Y：0、K：0"（如图11-101所示）和"白色"，属性设置如图11-102所示，完成效果如图11-103所示。

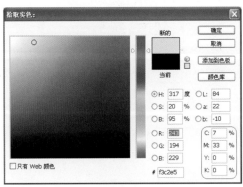

图 11-101

图 11-102

图 11-103

（3）选中"图层1"，选择"滤镜"→"像素化"→"彩色半调"命令，如图11-104所示，在弹出的对话框中进行设置，最大半径"8"，通道1"10"，通道2"10"，通道3"10"，通道4"10"，如图11-105所示，完成效果如图11-106所示。

图 11-104

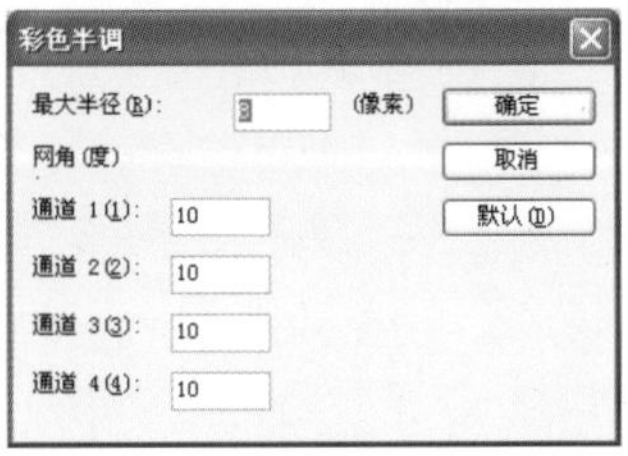

图 11-105

图 11-106

（4）选中"图层1"，选择"图层"面板中的"添
加矢量蒙版"按钮，选择"渐变工具"按钮，为
"图层1"添加图层蒙版，如图11-107所示，完成
效果如图11-108所示。

图 11-107

图 11-108

（5）单击"前景色"按钮设置前景色，其颜色
的具体设置为"C：7、M：33、Y：0、K：0"（如图
11-109所示），选择"钢笔工具"按钮配合"点
转化工具"按钮，绘制如图11-110所示图形，调
整图层混合模式为"正片叠底"，如图11-111所示，
按下"自由变换"快捷"Ctrl+T"，调整图像大小。

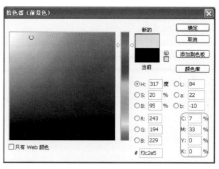

图 11-109

图 11-110

图 11-111

（6）选中"形状1"，选择"图层"面板中的"添
加矢量蒙版"按钮，选择"渐变工具"按钮，为
"形状1"添加图层蒙版，如图11-112所示，完成
效果如图11-113所示。

图 11-112

（7）单击"前景色"按钮设置前景色，其颜
色的具体设置为"白色"，选择"钢笔工具"按
钮配合"点转化工具"按钮，绘制如图11-114
所示图形，按下"自由变换"快捷键"Ctrl+T"，调
整图像大小。

图 11-113

图 11-114

(8) 按"Ctrl"键并用鼠标单击"形状 2"建立选区，选择"图层"面板中的"创建新图层"█按钮，"图层"面板中自动生成"图层 2"，选择"编辑"→"描边"命令，如图 11-115 所示，在弹出的"描边"对话框中进行设置，宽度"5"，颜色"白色"，如图 11-116 所示，按"Delete"键删除"形状 2"，完成效果如图 11-117 所示。

图 11-115

图 11-116

图 11-117

(9) 复制"图层 2"，"图层"面板中自动生成"图层 2 副本"，按下"自由变换"快捷键"Ctrl+T"，调整图像大小，如图 11-118 所示。

图 11-118

(10) 新建文件，文件宽度高度自定，选择"图层"面板中的"创建新图层"█按钮，"图层"面板中自动生成"图层 1"，选择"椭圆选框工具"█按钮，单击"前景色"█按钮设置前景色，其颜色的具体设置为"黑色"，按"Alt+Backspace"快捷键填充颜色，绘制如图 11-119 所示图形。

图 11-119

(11) 选择"图层"面板中的"创建新图层"█按钮，"图层"面板中自动生成"图层 2"，选择"椭圆选框工具"█按钮，单击"前景色"█按钮设置前景色，其颜色的具体设置为"白色"，按"Alt+Backspace"快捷键填充颜色，绘制如图 11-120 所示图形。

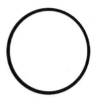

图 11—120

（12）选择"图层"面板中的"创建新图层"█️按钮，"图层"面板中自动生成"图层3"，选择"椭圆选框工具"◯️按钮，单击"前景色"█️按钮设置前景色，其颜色的具体设置为"黑色"，按"Alt+Backspace"快捷键填充颜色，绘制如图11—121所示图形。

图 11—121

（13）选择"图层"面板中的"创建新图层"█️按钮，"图层"面板中自动生成"图层4"，选择"椭圆选框工具"◯️按钮，单击"前景色"█️按钮设置前景色，其颜色的具体设置为"白色"，按"Alt+Backspace"快捷键填充颜色，绘制如图11—122所示图形。

图 11—122

（14）选择"图层"面板中的"创建新图层"█️按钮，"图层"面板中自动生成"图层5"，选择"椭圆选框工具"◯️按钮，单击"前景色"█️按钮设置前景色，其颜色的具体设置为"黑色"，按"Alt+Backspace"快捷键填充颜色，绘制如图11—123所示图形。

图 11—123

（15）选择"图层"面板中的"创建新图层"█️按钮，"图层"面板中自动生成"图层6"，选择"椭圆选框工具"◯️按钮，单击"前景色"█️按钮设置前景色，其颜色的具体设置为"白色"，按"Alt+Backspace"快捷键填充颜色，绘制如图11—124所示图形。

图 11—124

（16）选择"图层"面板中的"创建新图层"█️按钮，"图层"面板中自动生成"图层7"，选择"椭圆选框工具"◯️按钮，单击"前景色"█️按钮设置前景色，其颜色的具体设置为"黑色"，按"Alt+Backspace"快捷键填充颜色，绘制如图11—125所示图形。

图 11—125

（17）选择"图层"面板中的"创建新图层"█️按钮，"图层"面板中自动生成"图层8"，选择"椭圆选框工具"◯️按钮，单击"前景色"█️按钮设置前景色，其颜色的具体设置为"白色"，按"Alt+Backspace"快捷键填充颜色，绘制如图11—126所示图形。

图 11—126

（18）选择"图层"面板中的"创建新图层"█️按钮，"图层"面板中自动生成"图层9"，选择"椭圆选框工具"◯️按钮，单击"前景色"█️按钮设置前景色，其颜色的具体设置为"黑色"，按"Alt+Backspace"快捷键填充颜色，绘制如图11—127所示图形。

图11-127

(19) 选择"图层"面板中的"创建新图层"按钮,"图层"面板中自动生成"图层10",选择"椭圆选框工具"按钮,单击"前景色"按钮设置前景色,其颜色的具体设置为"白色",按"Alt+Backspace"快捷键填充颜色,绘制如图11-128所示图形。

图11-128

(20) 选择"图层"面板中的"创建新图层"按钮,"图层"面板中自动生成"图层11",选择"椭圆选框工具"按钮,单击"前景色"按钮设置前景色,其颜色的具体设置为"黑色",按"Alt+Backspace"快捷键填充颜色,绘制如图11-129所示图形。

图11-129

(21) 选择"图层"面板中的"创建新图层"按钮,"图层"面板中自动生成"图层12",选择"椭圆选框工具"按钮,单击"前景色"按钮设置前景色,其颜色的具体设置为"白色",按"Alt+Backspace"快捷键填充颜色,绘制如图11-130所示图形。

图11-130

(22) 选择"图层"面板中的"创建新图层"按钮,"图层"面板中自动生成"图层13",选择"椭圆选框工具"按钮,单击"前景色"按钮设置前景色,其颜色的具体设置为"黑色",按"Alt+Backspace"快捷键填充颜色,绘制如图11-131所示图形。

图11-131

(23) 选择"图层"面板中的"创建新图层"按钮,"图层"面板中自动生成"图层14",选择"椭圆选框工具"按钮,单击"前景色"按钮设置前景色,其颜色的具体设置为"白色",按"Alt+Backspace"快捷键填充颜色,绘制如图11-132所示图形。

图11-132

(24) 选择"图层"面板中的"创建新图层"按钮,"图层"面板中自动生成"图层15",选择"椭圆选框工具"按钮,单击"前景色"按钮设置前景色,其颜色的具体设置为"黑色",按"Alt+Backspace"快捷键填充颜色,绘制如图11-133所示图形。

图11-133

(25) 右击"图层"面板中的图层,选择"拼合图像"选项,如图11-134所示,完成效果如图11-135所示。

(26) 将上述制作的图形复制至文件中,如图11-136所示,"图层"面板中自动生成"图层3",如图11-137所示。

图 11-134

图 11-135

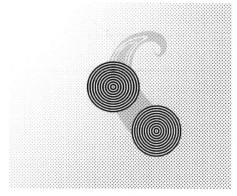

图 11-138

图 11-139

（28）复制"图层 3"，按下"自由变换"快捷键"Ctrl+T"，调整图像大小，如图 11-140 所示，"图层"面板中自动生成"图层 3 副本 2"，如图 11-141 所示。

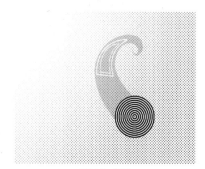

图 11-136

图 11-137

（27）复制"图层 3"，按下"自由变换"快捷键"Ctrl+T"，调整图像大小，如图 11-138 所示，"图层"面板中自动生成"图层 3 副本"，如图 11-139 所示。

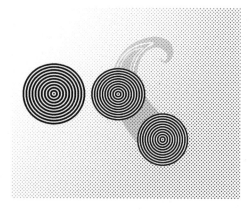

图 11-140

图 11-141

（29）打开素材"文件"→"打开"→"光盘"→"ch011"→"005.psd"，如图 11-142 所示。

图 11-142

提示：

打开已有素材文件时，可直接在Photoshop界面的空白处双击，快速打开"打开文件"对话框。

(30) 选择"选择工具"按钮，将素材"005.psd"复制至文件中，"图层"面板中自动生成"图层4"，如图11-143所示。选中"图层4"，按下"自由变换"快捷键"Ctrl+T"，调整图像大小，如图11-144所示。

图 11-143

图 11-144

(31) 复制"图层4"，"图层"面板中自动生成"图层4副本"，图层混合模式为"线性加深"，如图11-145所示，完成效果如图11-146所示。

图 11-145

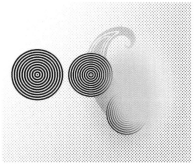

图 11-146

(32) 单击"前景色"■按钮设置前景色，其颜色的具体设置为"C: 56、M: 45、Y: 43、K: 0"（如图11-147所示）。选择"钢笔工具"按钮配合"点转化工具"按钮，绘制如图11-148所示图形，按下"自由变换"快捷键"Ctrl+T"，调整图像大小。

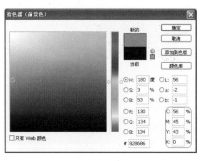

图 11-147

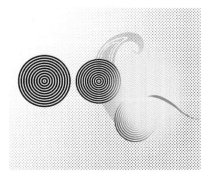

图 11-148

（33）单击"前景色"按钮设置前景色，其颜色的具体设置为"黑色"，选择"钢笔工具"按钮配合"点转化工具"按钮，绘制如图11-149所示图形，按下"自由变换"快捷键"Ctrl+T"，调整图像大小。

图11-149

（34）单击"前景色"按钮设置前景色，其颜色的具体设置为"C：25、M：18、Y：18、K：0"（如图11-150所示）。选择"钢笔工具"按钮配合"点转化工具"按钮，绘制如图11-151所示图形，按下"自由变换"快捷键"Ctrl+T"，调整图像大小。

图11-150

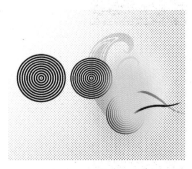

图11-151

（35）单击"前景色"按钮设置前景色，其颜色的具体设置为"黑色"，选择"钢笔工具"按钮配合"点转化工具"按钮，绘制如图11-152所示图形，按下"自由变换"快捷键"Ctrl+T"，调整图像大小。

像大小。

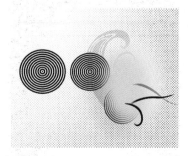

图11-152

（36）单击"前景色"按钮设置前景色，其颜色的具体设置为"C：25、M：18、Y：18、K：0"（如图11-153所示）。选择"钢笔工具"按钮配合"点转化工具"按钮，绘制如图11-154所示图形，按下"自由变换"快捷键"Ctrl+T"，调整图像大小。

图11-153

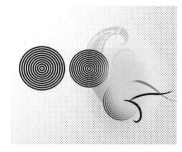

图11-154

（37）打开素材"文件"→"打开"→"光盘"→"ch011"→"006.psd"，如图11-155所示。

图11-155

(38) 选择"选择工具" 按钮,将素材"006.psd"复制至文件中,"图层"面板中自动生成"图层12",不透明度设置为"30",如图11-156所示。选中"图层12",按下"自由变换"快捷键"Ctrl+T",调整图像大小,如图11-157所示。

图 11-156

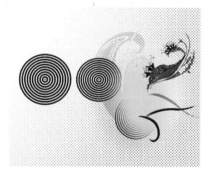

图 11-157

(39) 打开素材"文件"→"打开"→"光盘"→"ch011"→"007.psd",如图11-158所示。

图 11-158

(40) 选择"选择工具" 按钮,将素材"007.psd"复制至文件中,"图层"面板中自动生成"图层13",如图11-159所示。选中"图层13",按下"自由变换"快捷键"Ctrl+T",调整图像大小,如图11-160所示。

图 11-159

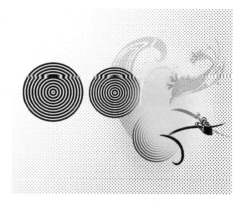

图 11-160

(41) 复制"图层13","图层"面板中自动生成"图层13副本",如图11-161所示,按下"自由变换"快捷键"Ctrl+T",调整图像大小,完成效果如图11-162所示。

图 11-161

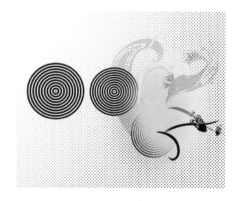

图 11-162

(42) 打开素材"文件"→"打开"→"光盘"→"ch011"→"008.psd",如图11-163所示。

图 11-163

（43）选择"选择工具" 按钮，将素材"008.psd"复制至文件中，"图层"面板中自动生成"图层14"，设置不透明度为"100%"，如图11-164所示。选中"图层14"，按下"自由变换"快捷键"Ctrl+T"，调整图像大小，如图11-165所示。

图11-164

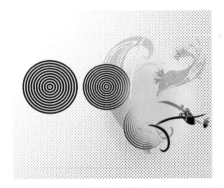

图11-165

（44）复制"图层14"，"图层"面板中自动生成"图层14副本"，设置不透明度为"100%"，如图11-166所示。按下"自由变换"快捷键"Ctrl+T"，调整图像大小，完成效果如图11-167所示。

图11-166

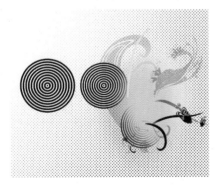

图11-167

（45）打开素材"文件"→"打开"→"光盘"→"ch011"→"009.psd"，如图11-168所示。

图11-168

（46）选择"选择工具" 按钮，将素材"009.psd"复制至文件中，"图层"面板中自动生成"图层15"，如图11-169所示。选中"图层15"，按下"自由变换"快捷键"Ctrl+T"，调整图像大小，如图11-170所示。

图11-169

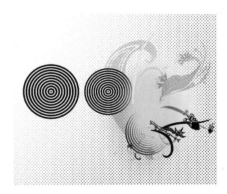

图11-170

（47）打开素材"文件"→"打开"→"光盘"→"ch011"→"010.psd"，如图11-171所示。

图11-171

（48）选择"选择工具" 按钮，将素材"010.psd"复制至文件中，"图层"面板中自动生成"图层16"，如图11-172所示。选中"图层16"，按下"自由变换"快捷键"Ctrl+T"，调整图像大小，如图11-173所示。

图 11-172

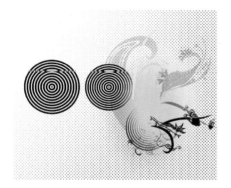

图 11-173

(49) 打开素材 "文件" → "打开" → "光盘"
→ "ch011" → "011.psd"，如图 11-174 所示。

(50) 选择 "选择工具" 按钮，将素材 "011.
psd" 复制至文件中，"图层" 面板中自动生成 "图
层 17"，设置不透明度为 "40%"，如图 11-175 所
示。选中 "图层 17"，按下 "自由变换" 快捷键
"Ctrl+T"，调整图像大小，如图 11-176 所示。

图 11-174

图 11-175

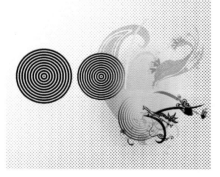

图 11-176

(51) 打开素材 "文件" → "打开" → "光盘"
→ "ch011" → "012.psd"，如图 11-177 所示。

图 11-177

(52) 选择 "选择工具" 按钮，将素材 "012.
psd" 复制至文件中，"图层" 面板中自动生成 "图
层 18"，如图 11-178 所示。选中 "图层 18"，按下
"自由变换" 快捷键 "Ctrl+T"，调整图像大小，如
图 11-179 所示。

图 11-178

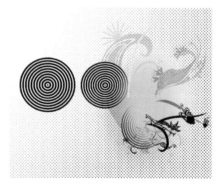

图 11-179

(53) 打开素材 "文件" → "打开" → "光盘"
→ "ch011" → "013.psd"，如图 11-180 所示。

图 11-180

(54) 选择 "选择工具" 按钮，将素材 "013.
psd" 复制至文件中，"图层" 面板中自动生成 "图
层 19"，如图 11-181 所示。选中 "图层 19"，按下
"自由变换" 快捷键 "Ctrl+T"，调整图像大小，如
图 11-182 所示。

图 11－181

图 11－182

（55）打开素材〝文件〞→〝打开〞→〝光盘〞→〝ch011〞→〝014.psd〞，如图 11－183 所示。

图 11－183

（56）选择〝选择工具〞按钮，将素材〝014.psd〞复制至文件中，〝图层〞面板中自动生成〝图层 20〞，如图 11－184 所示。选中〝图层 20〞，按下〝自由变换〞快捷键〝Ctrl+T〞，调整图像大小，如图 11－185 所示。

图 11－184

（57）打开素材〝文件〞→〝打开〞→〝光盘〞→〝ch011〞→〝015.psd〞，如图 11－186 所示。

图 11－185

图 11－186

（58）选择〝选择工具〞按钮，将素材〝015.psd〞复制至文件中，〝图层〞面板中自动生成〝图层 21〞，如图 11－187 所示。选中〝图层 21〞，按下〝自由变换〞快捷键〝Ctrl+T〞，调整图像大小，如图 11－188 所示。

图 11－187

图 11－188

(59) 打开素材"文件"→"打开"→"光盘"→"ch011"→"016.psd"，如图11-189所示。

图11-189

(60) 选择"选择工具" 按钮，将素材"016.psd"复制至文件中，"图层"面板中自动生成"图层22"，如图11-190所示。选中"图层22"，按下"自由变换"快捷键"Ctrl+T"，调整图像大小，如图11-191所示。

图11-190

图11-191

(61) 打开素材"文件"→"打开"→"光盘"→"ch011"→"017.psd"，如图11-192所示。

图11-192

(62) 选择"选择工具" 按钮，将素材"017.psd"复制至文件中，"图层"面板中自动生成"图层23"，如图11-193所示。选中"图层23"，按下

"自由变换"快捷键"Ctrl+T"，调整图像大小，如图11-194所示。

图11-193

图11-194

(63) 打开素材"文件"→"打开"→"光盘"→"ch011"→"018.psd"，如图11-195所示。

(64) 选择"选择工具" 按钮，将素材"018.psd"复制至文件中，"图层"面板中自动生成"图层24"，如图11-196所示。选中"图层24"，按下"自由变换"快捷键"Ctrl+T"，调整图像大小，如图11-197所示。

图11-195　　　　　　图11-196

图11-197

(65) 打开素材"文件"→"打开"→"光盘"→"ch011"→"019.psd"，如图 11-198 所示。

图 11-198

(66) 选择"选择工具" 按钮，将素材"019.psd"复制至文件中，"图层"面板中自动生成"图层 25"，设置不透明度为"25%"，如图 11-199 所示。选中"图层 25"，按下"自由变换"快捷键"Ctrl+T"，调整图像大小，如图 11-200 所示。

图 11-199

图 11-200

(67) 打开素材"文件"→"打开"→"光盘"→"ch011"→"020.psd"，如图 11-201 所示。

图 11-201

(68) 选择"选择工具" 按钮，将素材"020.psd"复制至文件中，"图层"面板中自动生成"图层 26"，如图 11-202 所示。选中"图层 26"，按下"自由变换"快捷键"Ctrl+T"，调整图像大小，如图 11-203 所示。

图 11-202

图 11-203

(69) 复制"图层 19"，按下"自由变换"快捷键"Ctrl+T"，调整图像大小，如图 11-204 所示，"图层"面板中自动生成"图层 19 副本"，如图 11-205 所示。

图 11-204

图 11-205

(70) 打开素材"文件"→"打开"→"光盘"
→"ch011"→"021.psd"，如图 11-206 所示。

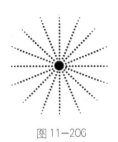

图 11-206

(71) 选择"选择工具"按钮，将素材"021.
psd"复制至文件中，"图层"面板中自动生成"图
层 27"，如图 11-207 所示。选中"图层 27"，按下
"自由变换"快捷键"Ctrl+T"，调整图像大小，如
图 11-208 所示。

图 11-207

图 11-208

(72) 单击"前景色"按钮设置前景色，其
颜色的具体设置为"黑色"，选择"钢笔工具"按
钮配合"点转化工具"按钮，绘制如图 11-209 所
示图形，按下"自由变换"快捷键"Ctrl+T"，调整
图像大小。

(73) 打开素材"文件"→"打开"→"光盘"
→"ch011"→"022.psd"，如图 11-210 所示。

(74) 选择"选择工具"按钮，将素材"022.
psd"复制至文件中，"图层"面板中自动生成"图

层 29"，如图 11-211 所示。选中"图层 29"，按下
"自由变换"快捷键"Ctrl+T"，调整图像大小，如
图 11-212 所示。

图 11-209

图 11-210

图 11-211

图 11-212

(75) 打开素材"文件"→"打开"→"光盘"
→"ch011"→"023.psd"，如图 11-213 所示。

（76）选择"选择工具" 按钮，将素材"023. psd"复制至文件中，"图层"面板中自动生成"图层30"，如图11-214所示。选中"图层30"，按下"自由变换"快捷键"Ctrl+T"，调整图像大小，如图11-215所示。

图11-213　　　　　图11-214

按下"自由变换"快捷键"Ctrl+T"，调整图像大小。

图11-217

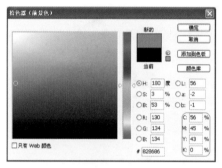

图11-218

图11-215

（77）单击"前景色" 按钮设置前景色，其颜色的具体设置为"C：56、M：45、Y：43、K：0"（如图11-216所示）。选择"钢笔工具" 按钮配合"点转化工具" 按钮，绘制如图11-217所示图形，按下"自由变换"快捷键"Ctrl+T"，调整图像大小。

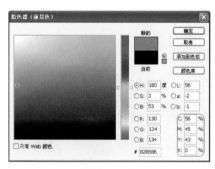

图11-216

（78）单击"前景色" 按钮设置前景色，其颜色的具体设置为"C：56、M：45、Y：43、K：0"（如图11-218所示），选择"钢笔工具" 按钮配合"点转化工具" 按钮，绘制如图11-219所示图形，

图11-219

（79）单击"前景色" 按钮设置前景色，其颜色的具体设置为"C：56、M：45、Y：43、K：0"（如图11-220所示）。选择"钢笔工具" 按钮配合"点转化工具" 按钮，绘制如图11-221所示图形，按下"自由变换"快捷键"Ctrl+T"，调整图像大小。

（80）单击"前景色" 按钮设置前景色，其颜色的具体设置为"黑色"，选择"钢笔工具" 按钮配合"点转化工具" 按钮，绘制如图11-222所示图形，按下"自由变换"快捷键Ctrl+T，调整图像大小。

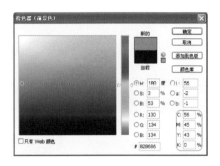

图 11—220

图 11—221

图 11—222

层 35″，如图 11—224 所示。选中″图层 35″，按下″自由变换″快捷键″Ctrl+T″，调整图像大小，如图 11—225 所示。

图 11—223

图 11—224

图 11—225

（81）打开素材″文件″→″打开″→″光盘″→″ch011″→″024.psd″，如图 11—223 所示。

（82）选择″选择工具″ 按钮，将素材″024.psd″复制至文件中，″图层″面板中自动生成″图

11.2.3 案例小结

本案例可爱、甜美的特点给人以美的视觉 以粉色渐变为背景，通过花纹素材的搭配和素材效果的处理，使整个画面绚丽、醒目。再 效果的素材，使整个画面更具层次感。